TOMA MI MANO Y VUELA CONMIGO

Sandra López León

TOMA MI MANO
Y VUELA CONMIGO

TOMA MI MANO Y VUELA CONMIGO
© 2009, Sandra López León
Esplugues de Llobregat, Barcelona, España

ISBN 978-1-4092-9000-1

Diseño de la portada por Albrecht Ruiter
Cuadro de la portada: *Autoretrato*. Pintura al óleo de Sandra López León, 1995

Para el amor de mi vida, Albrecht Ruiter
Gracias por volar conmigo

PRÓLOGO

Toma su mano y vuela con ella. Te invita a que recorras con ella el camino de su vida desde que asumió, de manera autónoma, su pensamiento abstracto hasta que llegó a ser médica y a elegir el campo de su especialización. Por eso, es un paseo de privilegio en el cual te invita a ver lo de adentro y lo de afuera.

Cuando leemos una biografía, la mejor manera de entenderla es viéndola como el enlace de la generación precedente con las generaciones siguientes. Somos como observadores externos que seguimos, con mayor o menor interés, lo que se va recibiendo de una generación anterior para ser elaborado por el sujeto de la biografía.

Lo así recibido y elaborado se va convirtiendo, a su vez, en la herencia que se transmite a la siguiente generación. De esta manera se enlazan las secuencias, para realizar en la dinámica con la que transcurre la historia.

Sin embargo, cuando tenemos el privilegio de leer una autobiografía, nos convertimos en lectores-participantes que hemos sido invitados a ver, oír, sentir y entender los procesos internos de quien escribió, participamos de una intimidad especial que nos deja ver no sólo los eventos en la vida del sujeto, sino también las vivencias que van otorgando a cada evento o personaje el valor simbólico que le otorga quien vivió la experiencia. Por eso lo llamo "privilegio". Porque asistimos a la intimidad de quien produce la historia, observando y sintiendo, al mismo tiempo, los movimientos internos que le dan a cada personaje, a cada circunstancia y a cada evento un significado particular que ejercerá su influencia en los momentos siguientes de esa secuencia de vida.

La Historia está hecha de muchas historias, que se enlazan en una secuencia dinámica que no sólo existe en el tiempo, sino que cobra vida en los significados que los individuos y los grupos asignan a personajes, circunstancias y eventos. No es como la historia que se enseña en muchos lugares, estática, reducida a personajes, eventos y fechas que, en lugar de ser un proceso dinámico de personas, grupo, causas, luchas y logros, se convierte en una especie de iconografía estéril, para ser memorizada pero no para ser entendida.

En este acompañamiento anónimo que podemos realizar a través de nuestra lectura, lo que percibimos como más importante es la existencia continua y siempre expresada de sentimientos diversos. Hay curiosidad, asombro, miedo, cautela, idealizaciones, fe y muchas otras manifestaciones de sentimientos variados. Sin embargo, el que surge una y otra vez, desde el principio, es el amor, percibido y expresado en muchas formas diferentes y a propósito de muchas cosas. En esta percepción de Sandra, lo que se desborda en poesía es amor: amor a la vida, amor al conocimiento, amor a la búsqueda de un mundo que se le ensancha y, finalmente, el amor que la lleva a su compromiso en la relación de pareja.

Sandra nos invita a ver y a sentir su vida. Sus enlaces con la generación anterior están explicitados en las descripciones de su familia de origen, resumidas primero y desglosadas después, cuando da cuenta de su trayectoria en la Facultad de Medicina. Poco a poco, nos permite acompañarla a sus experiencias de aprendizaje en las materias principales de la carrera, intercalando sus reflexiones, sus sentimientos y los poemas de su inspiración. Asistimos con ella a las experiencias de viaje que ampliaron su horizonte personal y le dieron la posibilidad de vivir en un mundo más grande que aquel en el que nació. Hablar de la inspiración que sintió cuando tomó forma su conceptualización del amor, nos permite asomarnos a la clave por la que podemos entender el proceso de su pensamiento y la integración de sus sentimientos.

Parece que su experiencia le permite ir entendiendo las secuencias de lo que aprende, de lo que comprende de cada momento y de lo que tiene la vida como significado para ella, hasta que se integra en un todo coherente que nos permite entender con ella.

Vemos que cuando se integra una experiencia de manera que puede hacerse explícita y tiene una consistencia propia, es una experiencia que coaguló en el tiempo porque ya está entendida y puede ser comunicada.

En esta secuencia abigarrada de experiencias agradables y desagradables, de episodios placenteros y dolorosos, de ideas fugaces y permanentes, de personajes que se van y se quedan, Sandra nos lleva como invitados a recorrer el camino que ella ha transitado, para desembocar en la definición de su identidad como persona en los diferentes aspectos, así como su lugar en la vida personal y profesional. Lo hace como es ella, con la franqueza delicada e inteligente que le conocemos, pero al mismo tiempo con la inspiración de su intensidad afectiva que da como resultado una lectura viva e intensa. Llegamos a verla lista para emprender el enlace con la siguiente generación.

Toma su mano. Acepta la invitación amable que te hace para recorrer el camino de su vida. Cuando lo hagas pregúntate, lector o lectora, si también tú has sido capaz de darle a tu vida la forma que tu querías.

Eduardo Dallal
México, enero 2009

1

En este mundo existen varias percepciones de lo mismo, que el humano ha llamado pasado, presente y futuro. Dentro de estas realidades, el humano ha creado fantasías, sueños e historias. Ahí habitan, entre otros, humanos, dioses, ángeles y duendes. En diferentes momentos de nuestra historia unos existen más que otros.

Mis preferidos son los personajes de los libros dado que sé quien los crea, tienen una razón de existir, y existen para toda la eternidad. Realmente tienen todo lo que yo quisiera saber, lo que yo quisiera ser y lo que yo quisiera encontrar. Por esta razón me atreveré a inventarme. Así creo un personaje que existirá más que yo.

> Un simple *bagel* rodando por el mundo. De él brota sangre roja: sangre a chorros. La sangre está tan viva que logra juntarse con el agua del mar. A lo lejos, la música de Emmet Ray llama a las amigas de Dalí. Son muchas hormigas rojas que están luchando. Al derramarse la sangre, cae en un cristal. ¿Sabes lo que es? Un reloj de arena, pero en realidad es un reloj de sangre. Fluye con locura. Más fuerte que un manantial. ¿Te das cuenta? La sangre se coagula. Se detiene el tiempo... ¡El tiempo!
>
> Sí, nuestro corazón es un reloj de sangre.

¡Espera! No tienes que escribir todo. ¿Quién es la obra de arte, el escultor o el paciente? ¿Dios o el humano...? Total; no me voy a poner a filosofar. Hablando de escribir, quería decirte que realmente me da miedo desaparecer ante mis memorias. Creo que la solución es que ahora que voy a entrar a estudiar medicina escriba mis experiencias. Estábamos en los cucús… digo, en los relojes de arena…

Así transcurrieron 45 minutos en el diván del Triángulo de las Bermudas. O sea, con mi *shrink*. Después, llegué corriendo a mi casa a escribir y a recopilar lo que ya había escrito.

2

A los quince años empecé a escribir. Un amigo fue el catalizador, pues un día me dijo: "cuando estés triste escribe…"

Pasaban los días, y yo anhelaba estar triste. Por más que buscaba pretextos, no lo conseguía estar. Tomé una hoja y escribí un poema en el que trataba de explicar por qué me apasionaba tanto el cuerpo humano y la medicina. Lo único que hice fue escribir sin pensar, sin tratar de comprender lo que escribía. De mi mano fluían palabras directamente del alma. Al final lo leí, y me asusté, nunca imaginé que pudiera escribir. Al escribirlo, sentía que yo era parte de la hoja, parte de la tinta, y que una parte de mí se quedaba impregnada ahí. Cuando acabé el poema, lo leí. Era totalmente ajeno a mí. Sentía que alguien más lo había escrito. Fue cuando comprendí que el creador crea algo, y deja que su obra tenga una propia vida; una propia existencia. Éste fue y es el poema:

Un propio mundo donde la aventura de cada momento es el paraíso.
Donde las venas desembocan en el mar del latido,
conectando los latidos con impulsos invertidos.

Un lugar con sentido. No muy lejos si lo escuchas.
Donde lágrimas piden paz al juntarse con el frío,
al igual que el dolor sembrado en el olvido.
Espiración con inspiración en un dominio.

Siento la presencia de algo justo a la perfección con gusto.
Una abertura con rendija, conectando la verdad y la tristeza.
Un latir en cada célula que combina un sentido con potencia.

Algunos, cuenta se dan, puesto que luchan con sudor para salvar ese mundo
de pasión previo a convertirse en expiración.

De pronto, todo se olvida; y se ilumina en el recuerdo del pensamiento.
Un cadáver hecho polvo esparcido hasta el infinito.

Si se ve en retrospectiva, todo se revuelve en el olvido:
El júbilo y la melancolía.
Un camino de certeza el nacer,
con un mundo adentro del latir y del pensar.

Luego traté de buscar inspiración en un diccionario médico. La idea fue escoger de cada letra algunas palabras. Esto es lo que salió.

Mi *adrenalina* se comprime y me deja parada en el universo. Reprimo mi cordón umbilical, y me encuentro con mi *anticuerpo*.
Mi *barorreceptor* es estimulado, me hace cambiar.
Es algo *benigno*. Mi CNS (sistema nervioso central) se encuentra bloqueado; ya que no encuentra la salida verdadera. Nadie puede salir de su placenta.

¿Acaso es algo *congénito*?
¿El inconsciente colectivo está en el DNA?
¿Acaso es un tabú el que la gente no mejore ni progrese?
¿Cómo puedo salir de mi placenta?
¿Por medio de *difusión*, o acaso estoy predestinada?
¿Y mi libre albedrío?
Todo entra por mí por medio de *endocitosis*; pero yo quiero salir y vivir. Quiero usar la *exocitosis* y usar mi gran *exterorreceptor*.

Mi sistema *inmune* es el que lo pide. ¿Por qué la *melanina* es racista? No es cosa de cambiar al mundo. Pero cómo es posible que después de miles de años la raza no mejore.

Era la primera vez que oía estas palabras. No llegué mas lejos de la M, puesto que era demasiado agobiante leer tantos significados tratando de encontrar palabras que vinieran al caso.

3

Hay tres cosas que me llaman la atención de los antecedentes personales de muchos médicos: que desde niños dicen que quieren ser doctores, que le tienen amor y pasión a la medicina, y que sus familiares son médicos.

Alguien me preguntó, cuando dije que tenía amor a la medicina: "¿Cómo puedes amar la enfermedad y la muerte?". Yo daba por hecho que la gente entendía que yo amaba a la vida. Admiro la perfección del cuerpo, me asombra nuestra existencia y nuestra presencia. Pienso que no hay cosa más increíble e interesante que entender cómo vivimos, por qué tenemos sentimientos o por qué pensamos. No puedo entender que haya gente que no les interesa saber qué hay dentro de nosotros o por qué nos enfermamos. Sé que no tenemos las herramientas para saber por qué estamos aquí, pero sí podemos entender cómo funcionamos y de qué estamos hechos.

Un valor importante en mi familia es tanto la salud física como la mental. Mi padre es psiquiatra; mi madre, psicóloga y mis dos únicos hermanos también son psiquiatras. Yo soy la única hija, y la menor. Yo también, en libre albedrío, decidí desde muy pequeña que quería estudiar para ser médico. Desde el día que nací valoré más que otros la vida, pues al nacer tuve tres paros respiratorios. Ésta iba a ser una de las muchas razones más por la que estudié medicina. Constantemente ella estaba presente en mi casa. Desde pequeña empecé a leer libros de medicina, armar rompecabezas del cuerpo humano y a disecar insectos.

Mi hermano mayor entró a estudiar esta profesión cuando yo tenía doce años. Mi otro hermano, cuando yo tenía quince. Yo siempre los acompañé a clases y a hospitales. La primera vez que fui al anfiteatro tenía trece años. El anfiteatro es el lugar donde los estudiantes de anatomía disecan cadáveres. Muchos de estos últimos están ahí porque no han sido reclamados por sus familiares. A mí me daba mucha curiosidad ir al anfiteatro. Pensaba que si lograba *sobrevivir* ver muertos, podía *sobrevivir* estudiar medicina.

El anfiteatro se localizaba en un cuarto lejos de la Escuela de Medicina. Era tétrico ir, pues era un lugar viejo, frío, oscuro y con muertos. Ese día que fui, empezó a llover mucho, las gotas se oían muy fuertes al caer en el techo de lámina. La novia de mi hermano me contó que en un día lluvioso, se fue la luz, y que fue aterrorizador sentirse atrapados en un cuarto lleno de muertos, todo oscuro con una tormenta afuera. Así, yo sólo cruzaba los dedos por que no se fuera la luz.

Yo iba haciéndome la valiente, la fuerte, dispuesta a todo. Nos abrió la puerta un señor que según mis fantasías era Cuasimodo, pero para mi sorpresa era un hombre normal con mandil de carnicero. Él se dedicaba a preparar los cadáveres; a lavarlos, a ponerlos en tinas con formol, y arreglaba los cráneos y huesos. Mi hermano le explicó que yo quería estudiar medicina y deseaba conocer el anfiteatro. Como era fin de curso, todos los cuerpos estaban afuera de los recipientes de formol y estaban secos y destrozados. Había músculos por todos lados, piel pegada en las planchas, y órganos todos revueltos. La experiencia fue desagradable; pero la *sobreviví*. Incluso mi hermano se quedó un poco apenado y me dijo que normalmente no se veían así. El caso es que pasé mi examen y yo ya estaba segura de que sí iba a poder estudiar esta profesión.

Había ventajas de tener estudiantes de medicina en mi casa. Ver a mis hermanos pasar por lo que yo iba a pasar, me daba seguridad. Sé que todos viven la carrera de diferente manera, pero yo observaba que a todos se les iba olvidando todo lo que sufrían y lo mucho que tenían que estudiar. La mayoría de los estudiantes, cuando están en primero, dicen que es lo más pesado; en segundo, dicen que primero no fue nada y que segundo es lo más difícil; en tercero, dicen que primero y segundo no es medicina; en cuarto, dicen que ya quieren entrar a quinto; en quinto, *se quieren morir*; y cuando acaban, se dan cuenta que apenas están empezando.

La desventaja de ver a mis hermanos y a sus amigos vestidos de blanco y sintiéndose doctores era que yo también ya quería entrar a esa etapa de mi vida. Cuando cumplí quince años decidí entrar de voluntaria al hospital dónde nací. Durante cuatro años, fui los sábados por la mañana. Mi trabajo consistía en visitar a los pacientes por si necesitaban algo, hacerles el menú, contestar el teléfono en urgencias, y ayudar en la tienda de las damas voluntarias. Llegaba en mi coche a las 8:00 a.m., firmaba y me asignaban a un piso. Cuando me entregaban la lista de los pacientes que me asignaban, sentía como si yo fuera la doctora de todos ellos. Caminaba por el pasillo sintiéndome importante. Entraba de cuarto en cuarto regalando sonrisas y conociendo a gente. En el pasillo siempre saludaba a algún doctor, residente o interno. Eran amigos de mis papás, de mis hermanos o míos.

Siempre me encontraba con algún paciente que estaba solo y que necesitaba hablar. Yo sólo escuchaba y me volvía más humana. Cuando la gente está enferma o se va a morir, se vuelve más sabia. Cuando concluía mi trabajo buscaba a los internos. Nunca pensé llegar a tener amistad tan intensa con ellos. Además de que saciaban mi interés al enseñarme a tratar al paciente, a leer electrocardiogramas y a hacer notas; me invitaban a sus fiestas.

Mi profesor de segundo de preparatoria nos invitó a presenciar una autopsia. No todos quisieron ir, sólo fuimos los que queríamos estudiar medicina y los más morbosos. Cuando entré al hospital fue como si hubiera viajado al pasado: a los años cincuenta. Cruzamos el estacionamiento caminando. Éste era como un campo baldío, estaba sucio y descuidado. Localizamos el edificio a donde íbamos, afuera había tres carrozas fúnebres estacionadas. En la puerta de este edificio había unas cuantas personas vestidas de negro. Yo caminé derecho viendo a través de la gente y de la situación. Llegué a un cuarto de 6 x 4 m. Las paredes y el piso eran de azulejo verde claro. El piso tenía varias coladeras. Era un lugar oscuro y sin ventanas. A un costado del cuarto había tres mesas de metal con básculas e instrumentos médicos. A la mitad del cuarto había una mesa de metal con un cuerpo desnudo. Ese *hombre* tenía piel, estaba presente, era igual de real que yo, pero... estaba muerto. Me quedé viéndolo unos segundos paralizada. Mis ojos se movieron rápido hacia las repisas que estaban en la pared y vi frascos de formol con corazones, pulmones, estómagos, en fin: órganos de gente que habían pasado por ese cuarto. Llegó un personaje que medía 1.30 m de altura, tenía facciones caricaturescas y hablaba rápido. No tiene importancia lo que dijo, inclusive sus palabras no llegaron a pasar por mis oídos. Sin guantes tomé un bisturí y en menos de cuatro minutos había logrado abrir piel, serruchar las costillas, sacar los pulmones, el corazón, el estomago, el hígado, los riñones y el intestino. Cuando me di cuenta, el interior del cuerpo estaba vacío. Todo estaba en las mesas de junto. El cadáver sólo era una bolsa vacía con un charco de sangre. En ese momento vi que todas las personas alrededor se estaban cubriendo la boca y la nariz con sus batas. Empecé a oler. Era un olor intenso, una mezcla de formol, sangre, orina y heces. El personaje tétrico tomó nuevamente el bisturí e hizo una incisión de una oreja a la otra pasando por encima de la cabeza. En un par de segundos jaló la piel, una mitad hasta la frente del cadáver y la otra mitad hasta la nuca. Agarró un serrucho y cortó el cráneo para destapar el cerebro. Lo sacó y lo puso junto a los demás órganos. Con los dedos tomó una estructura blanca del tamaño de un chícharo, y dijo: "Miren qué es lo que le pasa a todo lo que somos". Con los dos dedos aplastó la glándula pituitaria.

Mientras mis compañeros pesaban y examinaban los órganos, decidí leer el expediente: su nombre, su dirección, su historia y su muerte. Tenía 30 años y había muerto tres horas antes. Al acabar de leer me di cuenta de la función de esas coladeras: sacar la sangre y los líquidos que salían del cuerpo al hacer la autopsia. Como el cuerpo estaba arriba de una mesa plana, todos los líquidos caían al suelo. Mis zapatos de cuero estaban empapados de sangre. La sangre se había impregnado en ellos. En esa época yo no usaba calcetines, tuve que quitarme los zapatos y al voltearlos vi cómo caía una pequeña cascada de sangre del interior hacia el suelo y del suelo verlo cómo corría hacia la coladera. Al salir del cuarto vi directo hacia los ojos y el alma de la mamá y de la viuda. Sólo pude ver el semblante de sus dos hijos, quizá menores de tres años. Lo único que me quedaba era coger una pluma y escribir:

Ese charco que se revuelve en tus entrañas:
ese charco que pronto desaparecerá.
La sangre corre; pero, poco a poco, ya no será nada.
Esos ojos cerrados; pero al abrirse,
no son más que dos ojos sin vista ni mirada.

El corazón sin latir, diciendo: yo viví.
El cerebro, rogando paz: ya que nunca la conseguí.
¿Por qué, tú? ¿Por qué te vi hasta el último momento?
Si te hubiera visto antes, una persona más serías.
Me enfrento a ti, a la continua lucha entre la vida y la muerte.
Gracias a ti, veo las cosas diferentes.
Mientras yo no me convierta en polvo,
siempre recordaré tus entrañas y tu presencia.
Te admiro sin saber por qué. Te conocí
cuando ya no tenías existencia.
Tu cuerpo yo vi, ese mundo que poco a poco se acaba.
Tan perfecto, pero que llega a su fin.
Ese color tan lleno de vida que se limita,
ese matiz tan perfecto que se opaca,
gritan y lloran, ya que no pueden continuar.
Ilusión sentí al ver todo perfecto.
Melancolía sentí al ver que todo, hasta lo más perfecto
como el cuerpo humano, se acaba.

4

Mis padres y mi hermano mayor son psicoanalistas. Acompañé a mi mamá a sus sesiones de psicoanálisis desde antes de haber nacido hasta los 12 años de edad. Primero *in-úterus*, luego *in* cuna portátil; después me quedaba en la sala de espera. Durante los primeros años de mi análisis, ella me acompañó a mí.

Desde mi niñez, mis padres me enseñaron que existía el consciente y el inconsciente; el *super yo*, el *yo* y el *id*. Me enseñaron a interpretar mis sueños, e incorporaron términos psicoanalíticos en mi léxico. Para mí, *La interpretación de los sueños* era un libro sagrado. En mi cuarto tenía una foto de Freud. De vacaciones me llevaban a congresos en diferentes partes del mundo. Fuimos a visitar la casa de Freud en Viena y en Londres. Como mis papás eran hijos únicos, adopté a varios psicoanalistas como tíos. En la escuela siempre que pedían que hiciéramos la bibliografía de alguien, yo hacía la de Freud. Escribí su bibliografía más de diez veces, desde primero de primaria hasta la carrera de medicina. A los siete años, sabía cosas que muchos psicoanalistas no sabían, como que el perro preferido de Freud era un *chaw chaw* y que se llamaba *Yofi*, que su primer perro lo llamó *Wolf*, o que el segundo nombre de Freud era "Salomón".

Empecé a ir a psicoterapia psicoanalíticamente orientada a los 16 años. Mis metas terapéuticas eran escoger bien a mi pareja y mi profesión. Era normal en mi familia ir con un *shrink*. Mis padres fueron un par de décadas. Y mis hermanos también iban. Deje de ir cuando tenía 23 años, dado que ya había escogido mi profesión y mi pareja, pero además me di cuenta que lo que yo necesitaba era curarme del psicoanálisis. Era totalmente absurdo ir al psicoanalista a curarme de éste.

Podría hablar años de la teoría psicoanalítica o de psicoanalistas, pues cada uno de ellos son personajes interesantes; pero creo que lo más importante es mi experiencia real.

> La experiencia de entrar al inconsciente es algo inefable. Es un viaje con muchos destinos. Es plasticidad, creatividad y locura. El psicoanalista viene en este viaje. Es un guía que encamina sin hablar. Ilumina el camino y ayuda a romper las barreras que no permiten a uno cambiar de tren. En todos los trenes no existen ni el tiempo ni la forma ni el espacio. Ese hechicero es el boleto de entrada, el espejo, el cuadro o la mama. Todo se convierte en un rompecabezas con miles de piezas que cobran sentido mientras uno va descifrando emociones, momentos, formas, conceptos, represiones, símbolos, ocasiones y mecanismos.

Sólo somos la sombra de nuestro inconsciente. Es ahí donde realmente habita nuestra esencia… nuestra alma.

5

Después de años de espera, por fin entré a la carrera de medicina. El primer día mi familia me regalo un estetoscopio Litman. Yo me sentí muy orgullosa al recibirlo. Este hermoso estetoscopio rojo me acompaña desde entonces. Mis hermanos y sus novias me dieron varios consejos. Uno de los más valiosos fue que me enseñaron como estudiar para los exámenes. Me dijeron que hiciera notas muy resumidas con la información más importante; y que al hacer dichas notas, fuera razonando todo, paso por paso, haciéndolo esquemáticamente para que fuera más fácil para mi cerebro. Por último, me dijeron, que me aprendiera todo de memoria porque los exámenes eran bastante espeficíficos.

Camino sobre la neblina espesa en el sendero de la vida.
Soñando a través de la luz; evaporando mi sombra.
Creo en ti por ser tú mi pasión.
La vela empieza a volar a través del cosmos.
Luz de amor, fertilidad candente,
trágame y llévame, porque quiero zarpar.

El edificio de la Escuela de Medicina estaba compuesto de cuatro pisos. En el sótano estaba el quirófano y el anfiteatro. El primer piso tenía un pasillo en ambos lados y en medio un cuarto grande de estancia. En esos pasillos estaban las oficinas, una enfermería y aulas grandes. En el cuarto de estancia había maquinas de refrescos, mesas y sillones. El segundo y el tercer piso tenían salones y laboratorios. Todo era nuevo y cómodo. Se sentía un ambiente positivo, alegre y armonioso. Yo estaba llena de energía y vitalidad. No se me podía quitar la sonrisa de la cara.

El primer día, un profesor nos dijo que era una pena que los estudiantes de medicina de primer año siempre tenían mucha más vitalidad y entusiasmo que los de cuarto. Esto concordaba con lo que veía en los amigos de mis hermanos. Siempre me trataban de desilusionar diciendo que la carrera era pesada, tediosa, desilusionante, y que no se hacía nada más que estudiar. Por el contrario, los médicos de más de cuarenta años me decían que la medicina era la carrera más noble y la más preciosa. En ese momento, no sabía si el romanticismo de la medicina se iba acabando o si yo tenía la carrera muy idealizada. Lo que sí sabía, era que la única manera de saberlo era vivirla.

Mi horario estaba pesado; pero era igual que el de los otros tres grupos. Los lunes, miércoles y viernes sólo tenía clases hasta las tres de la tarde. Los martes, tenía que estar doce horas en la universidad, y los jueves trece horas. Dado que mi casa quedaba a cinco minutos de la universidad, podía ir diario a comer. Los lunes en la noche iba a clase de pintura, los martes tomaba mi clase de piano, y seguía yendo a psicoterapia. Mis materias eran: Anatomía, Histología, Embriología, Bioquímica, Psicología Médica, Genética, Formación Humana, Introducción a las Prácticas Médicas, Salud Pública, Laboratorios e Informática Médica.

A. ANATOMÍA

> Me fascina la sangre. Es un río que fluye al compás de nuestra existencia y marca el ritmo de nuestra vida. Es el alimento de nuestro ser. Su color exclama su pasión y su consistencia marca el significado oculto de su existencia. Es vida, es muerte, es pura; es simplemente sublime.

Anatomía, para mucha gente, es el sinónimo del primer año de medicina. Esto se debe a que la mayoría de los libros y películas, donde muestran escuelas de medicina, se enfocan mucho en la convivencia con el cadáver. Otra razón es que muchos estudiantes nunca llegan a ser médicos, que no aprueban esta materia. Era muy *estimulante* y dramático saber, por lo menos eso nos decían, que el libro que llevábamos, el *Quiroz*, fue escrito por un médico que cursó anatomía por lo menos cuatro veces. Anatomía es una materia pesada, porque prácticamente uno tiene que memorizarse todos los nombres de las arterias, venas, nervios, músculos, huesos, articulaciones, tendones, orificios, depresiones, y todas las partes de los órganos. Muchos de éstos tienen dos nombres, el apellido del que lo *descubrió* y el nombre moderno. Nosotros, los de mi generación, tuvimos que aprendernos ambos nombres.

La clase de anatomía era dos veces por semana. Cada clase era de cuatro horas. Teníamos de profesores a dos doctoras y un doctor. La clase teórica era en el salón y duraba dos horas. Durante las otras dos horas, la clase era con un cadáver. Las disecciones eran complementarias a las clases teóricas. Por ejemplo, cuando veíamos la mano, nos dedicábamos dos semanas a disecar todas las capas de la mano; a identificar todos sus músculos; a ver sus inserciones, y a buscar las venas, arterias y nervios. Así, íbamos cambiando de aparatos y sistemas.

En la clase inicial, nos dijeron que las primeras tres semanas sólo tendríamos clases teóricas. Una clase de anatomía: las luces apagadas, en el pizarrón una proyección de una lámina con un corte anatómico, el profesor leyendo los señalamientos de la lámina, y sólo el ruido proveniente del proyector de transparencias. Era impresionante ver dos carretes llenos de diapositivas proclamando el tiempo que faltaba para que terminara la clase. A mí me molestaban las luces apagadas; puesto que no podía seguir la clase con mi libro, no podía hacer anotaciones, y si me aburría no podía leer sobre otra materia. Este método ocasionaba que de vez en cuando se tuviera que interrumpir la clase para descubrir de dónde venían ronquidos o para que el profesor corriera a la gente que estaba hablando. Las primeras dos horas, yo siempre ponía toda mi atención. Al poco tiempo, me empezaba a *meter* en las diapositivas. La mayoría de ellas contenían láminas creadas por Netter, un médico artista que logró dibujar de una manera extraordinaria miles de láminas anatómicas. Estos dibujos son tan detallados y explícitos, que hasta son más perfectos que una foto de la misma estructura. Después de pasar tantas horas encerrada en una clase de anatomía, para mí era un deleite alucinar mirando esas láminas. Me transportaba a una galería de arte, llegaba a escuchar música clásica en mi mente, y empezaba a meditar. Regresaba a la realidad cuando escuchaba al profesor decir alguna mnemotecnia o cuando decía: "esta pregunta, seguro viene en el examen".

El anfiteatro se encontraba en el sótano. Era enorme, muy limpio y nuevo. En la entrada había casilleros, seguidos de lavabos. Los cadáveres se guardaban en tinas de metal. Las tinas estaban llenas de formol, y tenían una palanca para subir una plancha con el cuerpo a la superficie. Estas planchas tenían agujeros para escurrir los líquidos. Cuando llegábamos a la clase, los cadáveres ya estaban en la superficie.

Ese año, habían conseguido diez cadáveres. Como en mi clase había cuarenta estudiantes, nos tocaba un muerto para cuatro personas. Usábamos el mismo cadáver durante todo el año. A nuestro equipo le tocó el único cadáver que era mujer. Era gordísima, yo creo que pesaba más de cien kilos. Era molesto, puesto que siempre que disecábamos, debíamos cruzar una capa enorme de pura grasa.

El olor era *sui géneris*: la combinación de la muerte con el formol. Como estudiante de primer año, el olor llega a gustarte; así que no nos molestaba que llegara hasta el primer piso.

El día que por fin pudimos ir al anfiteatro nos sentimos *realizados*. Además de que significaba el ya no tener que estar encerrados en una clase tanto tiempo. Ya nos podíamos sentir verdaderos estudiantes de medicina. Muy emocionada, me puse mi bata de disección y unos guantes. Estaba orgullosa de usar mi estuche de disección. Ese estuche lo habían usado en anatomía mi padre y mis hermanos. Mi padre lo usó cuando yo tenía ocho años para enseñar a mis hermanos y a mí cómo se hacía una disección en un conejo.

Ese día, muy concentrada, empecé a disecar la mano del cadáver. El tiempo desapareció, mi mente se puso en blanco. Cuando acabé, el profesor me dijo: "es una obra de arte". Yo pensé que hablaba del cuerpo humano, pero cuando me percaté de que hablaba de la disección que yo había hecho, pensé: "el *doc* no sabe lo que es una obra de arte. ¿Cómo va a ser una obra de arte algo que destruye arte?" Desde ese día, decidí que ya nunca iba a tocar al muerto.

Los exámenes eran pesados debido a que era una cantidad de información muy grande lo que uno se tenía que memorizar. Prácticamente era otro idioma. Era tanta información, que generalmente teníamos un examen cada semana o cada quince días. No bastándoles a los profesores el martirio que nos producían sus exámenes, decidieron hacer varias evaluaciones usando el cadáver. Ponían varias banderillas en las partes anatómicas de todos los cadáveres. Individual y oralmente, teníamos que decirle al profesor qué estructuras se encontraban señaladas. El día del examen, había una cola en la entrada del salón. Entramos uno por uno. Suena lógico que quisieran usar el cadáver, pero no lo era tanto, pues el cadáver tenía todas las estructuras de color café verdoso. Si el estudiante que había disecado, había destruido alguna estructura, el punto de referencia había desaparecido. Por ejemplo, cuando tuvimos que abrir la cabeza en un corte sagital, toda la cabeza se deshizo; un ojo quedó de un lado y el otro se reventó; la cara ya no tenía forma. No había un comienzo ni un final. El resto del año tuvimos que trabajar con un cadáver prácticamente sin cabeza. En ese cadáver ya era imposible distinguir entre arterias, venas, nervios, pellejos, carne y músculos. Se suponía que se podía distinguir entre venas, arterias y nervios viendo el grosor; pero el grosor de la señora obesa no era nada comparable a un desnutrido. Si uno decidía estudiar del libro o computadora, podía asegurar el no aprobar el examen. Teníamos que relacionar las estructuras del libro con las del cadáver. Las fotos o dibujos eran perfectos, tenían colores vivos y explicativos; el cadáver estaba destrozado, no tenía matiz, era opaco y apestoso.

Era necesario ir al anfiteatro durante nuestras horas libres para poder estudiar. Como estudiante de medicina uno no tiene mucho tiempo libre; así que teníamos que aprovechar nuestra hora de comida. Comíamos junto al cadáver nuestros bocadillos. Siempre alguien ponía su refresco en la mesa de disección. A mí no me gustaba llevar mi libro, dado que si lograba no ensuciarlo con la comida, era difícil prevenir que se llenara de material cadavérico. Siempre que llegaba a mi casa después de estar en el anfiteatro me tenía que bañar, el olor de formol se impregnaba en toda mi ropa y en mi cabello.

En el anfiteatro se llevaban a cabo otras actividades. Por ejemplo, a mis amigas les encantaba jugar *ouija* al lado del muerto.

Era curioso oír a los estudiantes referirse a las diferentes partes del cuerpo, la mayoría de las veces la comparación era con comida. Yo también empecé diciendo que la capa de diez centímetros de grasa parecía *corn pops* pegados, que la sangre coagulada parecía la salsa de fresa que le echaban a los helados, y que los músculos parecían la carne que le daban a mi perro. Cuando vi el músculo psoaps dije que se me antojaba. Es lo que se conoce como filete; es jugoso, sin grasa y suave. En el momento que uno expresa tanta barbaridad, no se da cuenta de lo que realmente está diciendo. Son bromas para relajarse; para sentirse en control de la situación. Un día, abrí los ojos al cadáver y dije: "tiene ojos azules". Todos se rieron. Lo que realmente sentí fue todo lo que sufrió en vida esa persona. Esa noche soñé que entraba a mi biblioteca y veía todo un cuerpo destrozado: tejido adiposo, piel, y músculo regado por todos lados. En una mesa vi un ojo. Era el ojo de mi abuelo que había muerto hacía menos de un año. Ese día decidí no hacer más bromas innecesarias. Me acordé de cuando murió mi abuelo:

"Ante el ataúd de mi abuelo"

El péndulo de mi alma grita y llora,
ya que no puede entender.
Se lamenta desesperado,
ya que el tiempo se detuvo.

Se incorporó en el infinito,
tratando de consolidar la existencia.
Lentamente me asfixio en melancolía.
Él, luchó, murió hasta vivir.
Se impregnó en mí.
Ahora, solamente dejaré amanecer.

Quiero sentirte. Te siento.
Quiero verte. Te veo.
Quiero comprenderte.
Te comprendo, hasta donde puedo…
Volteo. Tú comprendes…

Quiero tocarte, y mi alma se opaca,
grita y llora; ya que no puede comprender.
Quiero vivir. Vivo y viviré: y luchare; …como tú lo hiciste…

Fue muy sano aceptar el dolor que me causaba ver como deshacían los cadáveres. Me di cuenta lo importante que es para el médico estar tan cerca de la muerte desde el principio de la carrera. Los pensamientos filosóficos y existenciales están en el aire. Se siente lo relativo de la frontera, se vive en ambos lados. Hay una sola cosa, muy, pero muy pequeña, que nos diferencia a nuestro cuerpo y al cuerpo que yace junto de nosotros.

El médico comienza por burlarse de la muerte y destruye la obra de arte. Al poco tiempo, se enoja con la muerte; lucha contra ella, y trata de controlarla. A la larga, todos nos damos cuenta de que es nuestra aliada. Es parte de todo, es parte de nosotros...

B. HISTOLOGÍA Y EMBRIOLOGÍA

Histología y embriología van de la mano con anatomía. Estas tres, juntas, se conocen como morfología. En ellas se estudia la forma del cuerpo humano desde diferentes puntos de vista. Se puede decir que la embriología estudia cómo se desarrolla; la histología se enfoca en los materiales, y la anatomía estudia cómo órganos y miembros conforman el cuerpo. Las tres se van complementando para poder entender las bases del cuerpo humano.

En embriología estudiamos el desarrollo que tiene el embrión *in-úterus*. Nuestra profesora nos explicaba todo con una voz muy tranquila, lenta y dulce; por algo le decían "la abuelita". Su manera de explicar las cosas era muy clara. Lo malo era que la clase empezaba a las 7:00 a.m. y su voz muchas veces era arrulladora. Lo que más me impresionaba era los dibujos que hacía en el pizarrón blanco. Usaba marcadores para hacer esquemas precisos. El ectodermo lo pintaba verde; el mesodermo, azul; el endodermo, negro; los vasos sanguíneos, rojos; y los títulos los escribía en negro. Llevaba años haciendo los mismos esquemas, y cada año le daba la misma clase por lo menos a cuatro diferentes grupos. Esas imágenes se quedaban grabadas en mi mente.

Con tales esquemas entendimos todo lo que tenía que prepararse para que dos células se juntaran y se empezara a producir un ser humano. Vimos cómo se diferenciaban estas células, formando diferentes órganos. Revisamos órgano por órgano y las patologías que podían presentarse si no se desarrollaban de forma normal. Vimos cómo se iban diferenciando las células para moldearnos, construirnos y formarnos. Es maravilloso saber que todos estamos hechos del mismo material, y que una misma célula puede crear un ojo, una mano o el cerebro. Es asombroso ver cómo las células están programadas para crear la forma de nuestra mano y *saben* perfectamente en donde parar para establecer límites.

La histología nació gracias a la existencia del microscopio. Éste hizo que fuera posible entender los diferentes mecanismos celulares que se llevan a cabo en los diferentes tejidos. El libro de *Histología* estaba dividido en capítulos, y cada uno enfocado en un diferente órgano. Mi profesor de histología aparte de ser un excelente profesor, es una gran persona. Yo disfrutaba mucho sus clases, pues lograba apasionarnos. Lo característico de él era que nunca faltaba; pero siempre llegaba tarde; a veces veinte minutos, a veces dos horas. Teníamos que esperarlo durante todo el tiempo del horario de su clase. Era impresionante ver cómo fumaba; se acababa una cajetilla en tres horas. Muchas veces las cajetillas de cigarros tomaron el papel de células, capas y laminillas; sirviendo como modelos para poder explicar mejor.

En muchas de las clases de histología yo quedaba más confundida. Sentía que faltaba información. Me di cuenta de que toda la verdad no estaba en los libros, y que el humano tiene mucho menos de la mitad del conocimiento de lo que cree. Es desilusionante darte cuenta de que realmente sabemos muy poco. La mayoría de lo que yo estaba estudiando, mi padre no lo había estudiado cuando él estaba en la carrera de Medicina. Esto significaba que había miles de cosas que nosotros no estábamos aprendiendo, y que seguramente una gran parte de lo que aprendíamos estaba incorrecta. En el capítulo del cerebro acabé muy frustrada, debido a que el profesor no pudo contestar todas mis preguntas. Me decía que si él supiese las respuestas, estaría en Estocolmo. Lo bueno es que le gustaba que preguntara, y siempre me hacía escribir la pregunta al final de mi cuaderno. Éstas son las preguntas que escribí:

¿Dónde se supone que está la memoria?
¿Si acaso está en las neuronas, por qué cuando se muere alguna neurona no perdemos memoria?
¿Si se pudiese transplantar un cerebro, tendríamos la memoria de otra persona?
¿Cuántas neuronas usamos?
¿Si pudiéramos multiplicar nuestras neuronas, seríamos más inteligentes?
¿Si no se multiplican las neuronas, por qué el cerebro crece?
¿Y la inteligencia?

Cuando vimos formación de hueso, todo hacía lógica; pero lo que veíamos en el capítulo del sistema nervioso central no. ¡Qué irónico! Con eso formamos la lógica. A lo mejor si usara mis huesos para comprender mis huesos me sucedería lo mismo. La culpa es de nosotros por querer agrupar las cosas; por pensar que si algo hace una cosa no puede hacer otra: por generalizar. Todo tenía nombre, todo estaba seccionado. A lo mejor no debería de estar en esa sección; pero ahí estaba. Este agrupamiento lograba que no viéramos todo como una unión; que nos perdiéramos en un rompecabezas diminuto donde había aparente lógica. También me di cuenta de que lo que nosotros conocemos por lógica, a veces no es verdad absoluta.

Era difícil tratar de concebir de qué y cómo estamos hechos. Era difícil experimentar que entre más estudiara, me encontraba con más preguntas. Antes tenía crisis existenciales al leer a Sartre o Camus. Nunca imaginé tener crisis por leer embriología o histología. Ver cómo nos formamos de dos células, nos creamos, nos desarrollamos; y por un destello en el cosmos, existimos. "Al pensar, yo pensé que pensar era soñar... / Algún día entenderé, aunque sea después de a la tumba llegar".

C. BIOQUÍMICA

Mi profesor de bioquímica era conocido como "el Párvulo". Daba la clase de una manera tan sencilla, que parecía que estaba enseñando a niños de *kínder*. Cuando estudiábamos, todo se volvía muy complicado y difícil. Los exámenes eran muy pesados. Teníamos que aprendernos todo de memoria; y durante el examen, razonar mucho. Yo siempre acababa con la cara roja de tanto pensar. Los exámenes eran del tipo: A) sí 1, 2, 4 son correctas, pero 5 y 3 no; B) sí 1, 3, 5 son correctas, pero 2, 4 no, etcétera.

Mis hermanos me advirtieron que no era suficiente la química que llevé en el colegio; así que decidí tomar clases particulares. Durante el verano, antes de entrar a la carrera, la novia de mi hermano mayor me dio clases de bioquímica. Ya teniendo las bases, era más fácil entender los conceptos; pero de todas maneras pensaba que sería más práctico que la teoría griega de los átomos estuviera vigente. Así, sólo nos tendríamos que aprender los cuatro elementos: agua, tierra, aire, y fuego.

Era difícil conceptuar de qué estamos hechos, especialmente porque parecía que estábamos hechos de letras y palitos haciendo reacciones. Me cuestionaba por qué teníamos que usar palabras tan complicadas para representar cosas tan sencillas, y por qué teníamos que usar tantos modelos que a mí no me parecían lógicos.

Empecé a tener menos problemas cuando me dejé de cuestionar todo. Di por hecho que todo lo que me estaban enseñando era verdad absoluta. El examen más difícil que nos hizo este profesor, fue oral. Cada estudiante tuvo que recitar de memoria más de cien reacciones químicas; explicando así, la *glucólisis*, la *gluconeogénesis*, el *Ciclo de Krebs*, el *Ciclo de Cori*, y la *glucogenólisis*. Era prácticamente un ejercicio de memoria. Después de un mes, ya se había borrado de mi mente.

Como complemento de la materia llevábamos prácticas de laboratorio. En ese laboratorio saqué sangre por primera vez. Primero, estuvimos quince minutos oyendo la técnica:

1. Lavarse las manos.
2. Ubicar la vena que se va a usar, calculando profundidad, calibre, resistencia y elasticidad.
3. Limpiar con una torunda con alcohol circularmente de adentro hacia fuera.
4. Usar una ligadura para ocluir la vena.
5. Clavar la aguja con el bisel de ésta hacia arriba primero en la piel y luego en la vena (ángulo de 25° a 45° con respecto a la piel.)
6. Al observar las primeras gotas de sangre aspirar lentamente.
7. Soltar la ligadura.
8. Retirar la aguja y aplicar presión suave.

Es lo único que nos dijeron. Prácticamente cualquiera que lea estos puntos, está igual de capacitado para sacar sangre.

Tomé la jeringa. Como el compañero al que le estaba sacando sangre cerró los ojos, no pudo ver mi mano temblando. A la primera, encontré la vena. Como moví la aguja, no pude sacar mucha sangre. Me sentía muy orgullosa de haber podido sacar esas gotas de sangre. Muchos de mis compañeros no pudieron sacar nada. Luego, me tocaba a mí ser la víctima. Tenía mucho miedo de que alguien que nunca había sacado sangre experimentara conmigo. Con imágenes en mi mente de moretones en mi brazo, flebitis y hasta trombosis o embolia, descubrí mi brazo. Mi compañero empezó a buscar una vena. Todas estaban escondidas. Sólo se llegaban a ver unos capilares morados diminutos. Era imposible que lograra encontrar una. Yo le dije que siempre que me sacaban sangre, en el hospital, trataban cómo seis veces. Cómo él tenía venas preciosas, grandes, visibles y palpables; decidió mejor sacarse él solo sangre. No sé qué hizo, pero de repente le empezó a salir mucha sangre a chisguete. Empapó las mesas, papeles, su bata y mi bata. ¡Habíamos encontrado la fuente de la vida!

Conforme pasaban los meses, las materias se iban haciendo más pesadas. Al principio, yo me sentía muy afectada porque tenía un examen cada semana. Luego empezamos a tener dos exámenes, luego cuatro; inclusive llegamos a tener tres el mismo día. La mayoría del tiempo me la pasaba estudiando. El secreto fue vivir día con día intensamente.

D. PINTURA

Mi profesor de pintura era todo un personaje. Nació en Inglaterra, trabajó en Summer Hills, una escuela progresista de orientación psicológica. Siendo muy joven, llegó a México a trabajar como bailarín del tipo Fred Astaire. Presumía de haber tenido amigos muy famosos, como el pintor vienés Kokoshka. Sus facciones toscas estaban marcadas con arrugas. Parecían mostrar ya más de setenta años de dolor. La mayoría del tiempo, permanecía callado. Su mundo interno se comunicaba continuamente con el exterior. Hacía gestos que mostraban que tenía pensamientos muy intensos. Parecía tener todo un contorno gris y negro a su alrededor. En sus ojos se veían grandes tormentas con varios truenos; pero en su voz, siempre salía un poco de color que llenaba a la gente de esperanza.

Le gustaba tener gente que lo escuchara. Aprovechaba la primera media hora de la clase para soltarse a hablar. Esta audiencia era como de quince personas. La mayoría de ellas eran más de veinte años mayores que yo.

En tal ambiente, se escuchaba su voz ronca que hacía eco con la neblina en el cuarto. El humo venía de sus cigarrillos. No había momento en el que no tuviese uno, o dos prendidos a la vez. La mayoría de las pláticas eran psicológicas o filosóficas; no tenían nada que ver con pintura. Eran pensamientos, opiniones y emociones; llegaban directo a nuestro inconsciente, nos llenaban de emociones y nos servían de inspiración para poder pintar. Pintábamos a una modelo desnuda.

Durante tres días, nos fuimos el grupo de pintura a una cabaña. Era un lugar lleno de naturaleza, donde no había nada que nos pudiera distraer de nosotros mismos. Era un retiro espiritual artístico. Uno de los ejercicios individuales que nos impuso consistía en que recortáramos los dibujos y las fotos de revistas que más nos llamaran la atención. Nos hizo pegarlas en una cartón, y al final nos dijo que escribiéramos un libreto de teatro donde se comunicaban los diferentes recortes. Entre otras cosas, yo use un tablero de ajedrez, un cerebro, y un artículo que estaba llenó de caricaturas de los que parecían haber sido los genios del siglo XX. Cuando acabamos, se sentó con cada uno de nosotros durante una hora. Durante ese tiempo, existía sólo para mí. Su sensibilidad era extraordinaria, tenía el don de comunicarse a niveles inconscientes con cualquier persona, y podía llegar a los sentimientos en un par de segundos. Dedujo que yo le daba más importancia al cerebro y a la intelectualidad que al cuerpo y a las emociones. Me dijo que el tablero de ajedrez significaba que yo quería ver todo blanco y negro, que, por ejemplo, veía la mente y no al cuerpo. Me explicó que tenía que encontrar un balance entre todos los opuestos: entre mente y cuerpo, expansión y contracción, autonomía y dependencia, objetividad y subjetividad, pensar y sentir, infinito y finito, pasión y no pasión, razón e imaginación, escepticismo y fe, acción y contemplación, y entre lo pesado y lo ligero. Algo muy importante que me dijo fue que una cosa no anulaba a su opuesto; que ambos podían existir al mismo tiempo sin producir conflicto. Hablar con él fue muy importante para mi desarrollo. Fue el tema principal en muchas sesiones con mi *shrink*. Desde ese día empecé a hacer más ejercicio y empecé a amar mi cuerpo. Los lunes iba a mi clase de anatomía y disecaba el cadáver, que había sido de una mujer; luego iba a mi clase de pintura y pintaba a una modelo desnuda. Muy simbólico: la vida y la muerte.

Durante toda mi adolescencia, me dediqué a nutrir mi intelectualidad. Pensaba que el cerebro era el órgano más importante en el humano. Sentía que al tener dominio sobre mi mente, tenía control de mí misma y del mundo. Como por arte de magia, ese año, me volví más sensible y me permití sentir más. Fue todo un proceso que comenzó con la muerte de mi abuelo. Los sentimientos se desbordaron y mi cerebro no los pudo controlar. Luego, mi profesor de pintura me lo hizo consciente y mi *shrink* me ayudo a hacer el balance.

A finales de primer año tuve dos cambios externos importantes que me ayudaron a aprender a quitarme y ponerme ese cascarón intelectual invisible. El primer cambio que tuve es que me enamoré. Y el segundo, fue que mi hermano mayor y su novia, que eran muy cercanos a mi, se casaron y se fueron a vivir a Nueva York. El siguiente es un fragmento de la carta que les di cuando se fueron:

> Cuando el presente es el pasado, y el futuro el presente, llego a un mar lleno de nostalgia. Empiezo a tener recuerdos infinitos que engullen mi alma. Son memorias que llenan mi ser de alegría, de ternura, de apoyo, de sabiduría, de energía, de vida. Dos voces en una que me guía por este sendero infinito. Cuando me siento triste, contenta, sola, con ganas de compartir, están ustedes que me enseñan, que me demuestran, que me escuchan, que me apoyan.
>
> Sé que me hará bien la separación, me hará crecer; pero ahora tengo miedo. Me hace llorar. Confesión: lágrimas de nostalgia, de cariño, de mar. ¡Me da tanta alegría verlos juntos! Una felicidad radiante que se contagia. Un amor verdadero que se anhela. Me da orgullo decir que ustedes son mis hermanos, mis amigos del alma, compañeros, consejeros, profesores y padres.
>
> Siempre estaré aquí, y sé que ustedes también. Suerte… Pero sé que les va a ir bien porque son ganadores.

Lo que aprendí en primero de la carrera de medicina fue impresionante. Aprendí un nuevo idioma, crecí y empecé a cambiar a la velocidad de la luz. Lo que más me sorprende es que no fue tan importante todo lo que aprendí de medicina, si no todo lo que aprendí sobre mí. Antes de entrar a la carrera, ésta era todo lo que me importaba. Siempre fantaseaba en ser alguien que revolucionara la existencia. Dar mi vida a la humanidad, dejar mi nombre impregnado en el futuro. La razón: para nunca morir. De un segundo al otro, me di cuenta que me hacía más feliz vivir el presente, realizarme como mujer, y dar a mis seres queridos lo mejor de mí. Darme a mí, no al mundo. Lo único que me empezó a importar era: vivir, sentir, soñar, volar y ser feliz. Rompí mucho de mi estructura. Empecé a construir un templo nuevo. Un mundo mío, propio, único.

> Caminante, aproxímate.
> Caminante, recibe esta rosa;
> ¿pues qué, no somos todos caminantes en este mundo errante?

El tiempo luchó,
el fuego cantó
soñó, flotó, se incorporó
se transportó.
No juzgó la mirada adolescente,
y vio la transformación.

Acabó el año. Cumplí con mis propósitos: Sólo toque el cadáver una vez. Nunca me sacaron sangre. Dormí ocho horas diarias. Exenté todas mis materias. Y fui feliz.

Cimientos voy construyendo en el Paraíso Terrenal.
Costuras voy olvidando en el Cosmos Celestial.
Atravesando piedras, flotando en ríos;
deambulando en un sentido hasta el final.

6

Cuando tenía dieciséis años, un amigo mucho más grande que yo, al cual yo admiraba mucho, se fue a Europa solo. A mí se me hizo muy extraño, y le pregunte porqué no iba con algún amigo. Él me contestó que el viajar solo tenía muchas ventajas y enseñaba mucho. Me dijo: "El día que tú puedas disfrutar viajar sola, vas a volar". Nunca pensé que pasarían tres años para estar lista y tener la oportunidad. Lo anhelaba. Me subí al avión camino a París.

A. PARÍS

Al llegar, empecé a tener recuerdos de la primera vez que había estado en París. Tenía yo siete años. Me acordaba del *hotdog* que me había comido en la Torre Eiffel, de haber visitado la tumba de Napoleón, y de que mi padre nos había hecho visitar quinientas iglesias en un mes. Claro, me daba cuenta de que era imposible haber visitado dieciséis iglesias cada día. Todos los recuerdos y el afecto se consolidaron, y regrese al presente; París estaba enfrente de mí. Tenía toda la ciudad para mí, y la ciudad me tenía completamente para ella.

Después de visitar los lugares más turísticos, pensé qué significaba para mí París. Concluí que era la ciudad del arte, de la literatura y del buen comer. Quería viajar en el tiempo y encontrarme de frente con los existencialistas, con los impresionistas y con los surrealistas. ¿Dónde habían quedado todas esas gentes? Obsesivamente decidí ir a visitarlos a sus tumbas. Era una reacción un poco mórbida; pero venía al caso, pues acababa de cursar el primer año de medicina. En la entrada del cementerio Pere Lachaise, me dieron un mapa para poder encontrar más fácilmente las tumbas. No eran tumbas normales, estaban llenas de belleza arquitectónica y arte. Vi los sepulcros de Balzac, Jim Morrison, Oscar Wilde, Proust, Moliere, Musset, La Fontaine, Bizet, Chopin, Max Ernst y Pisarro. No logré entender por qué la mayoría de la gente, que estaba ahí, veía las tumbas como parte de la persona. Lo más probable es que la mayoría ni conocían sus propias tumbas, y ahí había gente llenando de besos, hechos con lápiz labial, la tumba de Oscar Wilde; y había una cola enorme para poder tocar la tumba de Jim Morrison. En ese momento, para mí, todas esas tumbas eran impersonales. Caí en cuenta que así no iba a poder encontrarme con nadie; pero me entró la idea de comprobar si Sartre había existido. Era muy importante para mí, dado que durante tres años, en mi adolescencia, me la pase leyendo libros existencialistas. Me dirigí al cementerio de Montparnasse. Antes de encontrar la tumba de Sartre, vi la de Becket, Tzaras y De Beauvoir. Decidí sentarme junto a la tumba de Sartre. Una tumba blanca, bastante simple y sin símbolos religiosos. Me puse a digerir mis pensamientos. Era un cementerio más, compuesto de matices blancos con grises y negros, sereno e inmóvil; el tiempo, detenido; con nombres y más nombres. A pesar de que a mí los cementerios me inspiran paz, no estaba tranquila, puesto que no había logrado encontrar lo que buscaba. Sentí que una roca con un nombre no me decía nada. Obviamente era más fácil encontrar a toda esta gente en su arte. De repente, el cementerio se convirtió en un catálogo. Tenía ganas de leer en ese instante, al mismo tiempo, las obras de todos ellos. Tenía ganas de poner un tocadiscos en cada esquina, y prender la música de todos los compositores ahí presentes. Quería revivirlos y vivirlos. En mi mente cursaban las melodías de The Doors entrecruzadas con las de Chopin. *La náusea* de Sartre se encontraba con *El tiempo perdido*. Las pinturas de Pisarro se desvanecían, mientras Beckett encontraba a Godot. De repente, sólo silencio. De Moliere, Musset y La Fontaine sólo me venían imágenes de calles. ¡Cuánto me faltaba por vivir, por leer, por aprender! Pensar que de muchos ellos lo único que conocía eran sus tumbas…

Me dirigí a los lugares donde todos ellos alguna vez habían respirado. A los lugares donde pudieron encontrar tanta inspiración. Había conseguido una lista de cincuenta cafés. No planeaba visitar todos, y muchos menos tomar café en cada uno de ellos. Al ver la lista, ví que París no es muy grande, y que muchos cafés son visitados por las mismas personas. La mayoría de los lugares sólo explotaban el nombre de sus visitantes. Pasé a ver el café más antiguo de París, "Le Procope". Actualmente es un restaurante muy lujoso. Dicen que es el restaurante funcional más antiguo del mundo, existe desde 1686. Sus clientes fueron Napoleón, Victor Hugo, Musset, Rousseau, Voltaire, Zola y Balzac. Me estacione en el "Café de Flore" porque mis preferidos, los surrealistas y existencialistas, se reunían ahí. Vi la lista de toda la gente que alguna vez fue a ese café. Era evidente que entre más gente famosa fuera, iban a ir más. La lista parecía nunca terminar: Apollinaire, Breton, Camus, Trotsky, Picasso, De Beauvoir, Sartre, Hemingway, Capote, Polansky, Alain Delon, Belmondo, Yves Saint-Laurent, Givenchy, Dalí, Lacan, Rosselini, Al Paccino, De Niro, etc. Todos los días, ese café estaba lleno de artistas, intelectuales, pintores, reporteros, políticos, etcétera.

Sentada en el café, comprendí que era lo mismo saber que Sartre se sentó ayer en ese café; a saber que se sentó hace sesenta años. Al mismo tiempo que el punto era que no estaban, el punto era que habían existido. Comprendí que era lo mismo leer un libro hoy, que ayer; o saber que el autor lo terminó de escribir hace cien años, u hoy.

Me sentía más tranquila después de haber solucionado mi pequeño dilema de tiempo y espacio. Me puse a hablar con el mesero, y así me enteré que existía un problema entre dos cafés: "Les Deux Magots" y "Café de Flore". Uno estaba enfrente del otro, separados por la calle Saint-Benoit. La gente que iba a uno, no podía ir al otro. Para muchos personajes en el medio intelectual artístico, el "Café de Flore" era el que estaba de moda y "Les Deux Magots" estaba *out*. Veinte años antes, era al revés. No supo explicar la razón. Después de investigar un poco, aprendí que por más de un siglo estos dos cafés habían balanceado la calle. En los años veinte, el "Café de Flore" estaba identificado con los de extrema derecha y el "Les Deux Magots", por asignación, con los de izquierda. En la época de la ocupación alemana, los escritores usaban los cafés como sus oficinas. Se sentaban en una mesa y se quedaba ahí todo el día, hasta recibían ahí visitas. Sartre y Simóne de Beauvoir evitaron ir al Café de Flore, ya que estaba contaminado por Maurras, un derechista antisemita. Con el tiempo, el café "Les Deux Magots" se empezó a llenar de turistas que querían ver a Sartre y Beauvoir. Cuando se acabó la ocupación y Maurras se había ido, el "Café de Flore" estaba vacío, y "Les Deux Magots" estaba lleno. Los intelectuales decidieron regresar al "Café de Flore", pues no aguantaron la contaminación turística.

Había encontrado otro ejemplo de los opuestos. Quería un balance, y no tenía planeado tomar café a la mitad de la calle. Me dirigí a tomar un café al "Deux Magots". Lo que me había dicho mi profesor de pintura sobre los opuestos, volvió a aparecer. Sin uno, el otro no existía. Para mí, estos dos cafés, eran uno solo.

Una de las cosas que más disfruté en París, fue sentarme junto al río y saborear un pedazo de queso con una *baguette* y media botella de vino.

> Junto al Sena, descubro una parte de mí que estaba dormida. Esa parte que me enseña que no estoy sola; que me tengo a mí. Escribo al ritmo de la música, al son de las estrellas. Empiezo a tomar las pocas gotas de miel que nos da la vida. En vez de que la miel se absorba en mí, yo me absorbo en ella.

B. GINEBRA

Me subí al tren con mi maleta. Era un *backpack* bastante pequeño. Decidí que era mejor lavar que cargar, así que llevé lo mínimo. Hoy día, me sorprende cómo pude viajar con tan pocas cosas. Al subir al tren, vi que no estaba viajando sola. El tren estaba lleno de gente de mi edad. Estaban vestidos igual que yo, leían el mismo libro que yo, buscaban lo mismo, vivían las mismas experiencias, y tenían la misma sed de conocer. Viajando así, era más fácil conocer gente. Había muchísimos que también estaban viajando *solos*. En cuestión de una hora, parecía que nos conocíamos de toda la vida. Las conversaciones eran interminables. Aparte de que queríamos saber cosas de los países de donde veníamos, queríamos comparar experiencias, itinerarios y *tips*. El tren no sólo era un medio de transporte, si no también un hotel, una discoteca, un bar, un campamento, un baño rústico, un restaurante, un retiro espiritual, y una ventana a paisajes hermosos.

En Ginebra me quedé en la casa de unos amigos de mis padres que eran psicoanalistas. El día que llegué, había una fiesta de cumpleaños. La comida estaba deliciosa. Había mucho vino, tortilla, pulpo a la gallega, merluza y una infinidad de postres. Para mi sorpresa, no sólo la comida era española, si no también todos los invitados. Aparentemente, una gran parte de la comunidad psicoanalítica en Ginebra, son españoles. Fácilmente me sentí en familia. Cada personaje ahí presente tenía un aire que correspondía a un personaje de mi familia de tíos psicoanalíticos. Uno parecía ser el más terco, otro el más sabio, otro el más viejo, otro el más chistoso, otro el más calvo, y otro el más loco. Los temas de los que hablaban también eran comunes a los que usan los psicoanalistas en otros países: comida, arte, películas, enfermedades sumamente raras de las que hay muy pocos casos reportados, análisis de la personalidad de un individuo a los que todos conocen, y discusiones de artículos del periódico *El País*. Igual que en México, llevaron a sus hijos a la reunión. Así conocí a varios hijos de psicoanalistas. Cómo también venían de una familia psicoanalista, teníamos mucho en común. Inclusive, uno venía de una familia más creyente que la mía; se llamaba Segismundo.

Ginebra parecía ser una ciudad habitada por puros millonarios. No se veían diferencias entre las clases sociales. Me dijeron que sólo 33% de la población era ginebrina. Lo más famoso era el Jet d'eau, una fuente que está en el lago, con un *chorrito* de 140 metros de altura que avienta 500 litros de agua por segundo a una velocidad de 200 kilómetros por hora. Todo ese peso cae constantemente al lago. Desde la distancia, se puede sentir en la brisa el agua que se escapa. Durante mi estancia, me la pasé en fiestas, bares, billares, cafés, y hasta volé un papalote junto al lago. Lo que más me impresionó fue visitar el museo de la Cruz Roja. Vi miles de fotografías, películas y documentales de la historia de la humanidad. Todo era lo mismo: ciclos que regresaban y se repetían, injusticias, guerras, genocidios, incendios, temblores, inundaciones, tragedias, etc. Fue muy triste ver la historia de la humanidad desde ese punto de vista. Se supone que el propósito de ese museo es hacernos conscientes de la responsabilidad que tenemos en este mundo; pero a mí, sólo me lleno de tristeza, melancolía y enojo. La última parte de la exposición era un cuarto lleno de fotografías y noticieros en vivo. Ya no era historia, era nuestro presente. El presente era la historia de miles de años, nada había cambiado. Acabé muy deprimida. Hay tragedias inevitables, cómo inundaciones y temblores; pero la mayoría de ellas es evitable. Cuando suceden tragedias naturales, hasta los enemigos se ayudan. Por un lado crean, pero por el otro están destruyendo. La mayoría de las peleas son entre gobiernos, entre políticos. Los responsables juegan, pues nunca se afectan directamente. La gente inocente es la que sufre y la que muere. En vez de ayudarnos mutuamente, haciendo una unión, nos la pasamos haciendo fronteras, creando pretextos y asesinando. Mucha gente no se da cuenta de que todos somos igual de humanos. Estamos cegados, pensamos que toda esa negatividad y toda esa destrucción conducirán a formar un mundo ideal, un mundo feliz. Todos los días mueren miles de personas injustamente, y nosotros pensamos que esas personas están muy lejos de nosotros, en una pantalla de televisión. Si no paramos, la destrucción pronto llegará a nosotros. ¡Y qué puedo hacer yo desde aquí? En esos segundos sólo podía deprimirme.

Después de dos horas de viajar por carretera en la madrugada, llegué a Chamonix. Una hora tardó el teleférico en subir. Escalé en el Mont Blanc fuera de toda civilización, 4 804 metros sobre el nivel del mar. Toda mi tristeza y melancolía, que me dejaron las imágenes que vi en la Cruz Roja, se evaporaron al ver ese amanecer. Vi como toda Europa era bendecida por el sol. Caminé por las fronteras de Suiza, Italia y Francia. Ahí uno puede ver que en realidad las fronteras son inexistentes y que realmente hay belleza en nuestro planeta.

Nunca más creo poder estar tan cerca de mi esencia. Evaporada mi alma, se transformo en aire. No engendrada, transformada, me convertí en energía. Mi juicio se combinó con el infinito, y consolide mi existencia.

Como el tiempo fue inexistente, puedo decir que fue toda una eternidad. Un momento, un instante; en lo inexistente, vapor yo fui. Un paraíso celestial que hizo que mi sangre se desbordara y se incorpora a la nieve. Mi tinta cubrió el orbe. Fue más que música, más que llama; fue la consagración de mi ser. Vi la verdad sobre mí, Dios y el universo. Descansé junto a mi cuerpo, al contorno de mi sombra. Cuando logré incorporarme a mi ser, me di cuenta que un poco de esa esencia se había mezclado con mi alma.

En el crepúsculo llego y regreso. Sabiduría pura, perfección virtual, misticismo puro: naturaleza soy, y seré. Estaba lista para regresar al mundo de los mortales, y seguir mi sendero.

C. VIENA

Iluminada con lo tanto que había vivido, y con tristeza de dejar a mis nuevos amigos; tuve que abandonar Suiza. Tomé el tren a Viena para encontrarme con una amiga de la infancia. El tiempo me demostró que no había pasado en vano. Mi amiga estaba irreconocible; se había cortado el pelo muy corto, estaba muy flaca, sus facciones se habían afinado y, sobre todo, ya era toda una mujer. Ese gran descubrimiento fue un espejo para mí, el enfrentar el hecho de que ya éramos mujeres adultas. Teníamos tanto que hablar, que no sabíamos por dónde empezar. Mientras nos enterábamos de los nuevos acontecimientos en nuestras vidas, tomamos el tranvía a la casa de sus tíos.

Su tío trabajaba en la ONU. Llevaba un año viviendo en Viena junto con su esposa y dos hijos. Vivían en una casa enorme y preciosa. Tenían sirvienta, chofer, un piano, un BMW y hasta un clóset lleno de comida mexicana.

La tía me dijo que aunque tenían todo, no estaban tan contentos y extrañaban mucho. Yo sabía que lo material no era todo en la vida; pero de todas maneras me parecía extraño. Mi idea es que si una persona está feliz consigo misma, puede ser feliz en cualquier parte del mundo. Yo estaba segura de poder vivir en cualquier parte del mundo si estaba con la persona que amaba. Su tía se la pasó repitiendo que era muy diferente viajar que vivir en un país. A lo mejor tenía razón, a lo mejor no. Yo no podía saber. Lo que sí sabía, era que tenía muchas ganas de averiguarlo.

Para mí, Viena es una de las ciudades más importantes del mundo. Más importante que La Meca o Jerusalén. Es la tierra del psicoanálisis. Es una ciudad bellísima, limpia, fresca, elegante y tradicional. El aire es tan puro, que permite a la mente respirar. Es la mezcla de lo complejo y de lo simple; de lo bello y lo sublime. Es la ciudad de la música y de la creación. "El Danubio Azul", música saliendo de la tierra, caballos atravesando los murales del tiempo, una brisa limpia que penetra. Mozart, Hayden, Beethoven, Dostoyevski y muchos más plasmados en el aire.

Lo más importante que tenía que hacer era ir al número 19 de la calle Berggase; el lugar donde había nacido el psicoanálisis. Ahí, Freud había tenido su casa y su consultorio. Todo seguía presente: su sombrero, sus libros, su diván, sus colecciones y su presencia. Adentro de esa casa no existía el tiempo. Hubiera sido lo mismo entrar ahí hace cien años que ahora. El estar en Viena, el estar en esa casa; producía claridad en mi mente. Mis pensamientos fluían como ríos. Era entendible que en un ambiente así existiera tanta creatividad.

> Por la cima del inconsciente
> llego al punto máximo del suspiro.
> Ojos cantantes del camino.
> Me llevan, me atrapan y vuelvo a cantar.

D. PRAGA

Me fui a Praga con mi amiga y ahí nos encontramos con su madre. A través de un mundo desconocido, aprendimos, reímos, cantamos, soñamos y comimos. Es difícil plasmar todo lo que viví, sobre todo porque tuve muchos diferentes sentimientos en un par de días. Fuimos a la casa de Kafka a oír opera de Mozart. Comimos *goulash* con col agria, pasta con queso de cabra, crepas y mucho vino. Me hice amiga de un checo que trabajaba en una tienda de títeres. Fui a la sinagoga más antigua de Europa. Ahí me llené de melancolía y tristeza al ver la cantidad de apellidos conocidos en las tumbas de la gente que murió en la Segunda Guerra Mundial. No quedaba sino meditar y pensar. Esta tristeza culminó a media noche, cuando vimos a un grupo de hombres rapados, vestidos con túnicas negras: cantaban rezando, mientras echaban al río las cenizas de un hombre muerto junto con cientos de velas. Era bello, bello ver el entierro de alguien que murió de forma natural. Sobre todo, después de sentir a los muertos del Holocausto.

Además de todo lo que viví, fue muy importante que viniera con nosotros una fotógrafa profesional, la madre de mi amiga. Fue llevar tres ojos más, una maquina del tiempo y una perspectiva nueva. Era una fotógrafa que tenía la misma obsesión que yo: el tiempo y la muerte. Lo interesante es que lo manejaba de una manera totalmente diferente a mí.

Traté de ver el puente desde los ojos de ella. No sólo lo veía y lo disfrutaba, sino que lo fraccionaba, detenía su movimiento, lo hacía pequeño y grande, se volvía blanco y negro, y flotaba fuera de la imagen para regresar al comienzo. Era la primera vez que sentía nostalgia del presente. El escuchar el sonido de la cámara, me hacía consciente de que el momento ya había pasado. Era triste saber que lo que estaba viviendo, se iba muriendo. Era interesante que ella no viera que aunque todo moría, incluyéndola a ella, ella iba a seguir siendo vida.

Veía la vida desde otra dimensión, estaba atrapada en un mundo paralelo donde yo sólo observaba. Antes, al ver fotos, trataba de sentir y descubrir lo que el fotógrafo trataba de decir, lo que trataba de transmitir. En ese momento comprendí que la foto sólo era el espejo del tiempo. Fue fácil entenderlo; puesto que no lo busqué en la creación, sino en el artista.

Comprendí por qué muchos fotógrafos no salen en sus propias fotos. Quieren inmortalizar su vista, quieren prestar sus ojos para que miles de otras personas vean a través de ellos; aunque ellos dejen de existir. Ellos no quieren encarcelarse en un tiempo; quieren jugar con el tiempo. En el instante que suena el *clic* de la cámara; se fusiona el cuerpo del fotógrafo con la imagen, la distancia desaparece, y todo hace lógica en este mundo irracional. Durante ese segundo, el fotógrafo se convierte, se transforma. Y durante toda una eternidad, será.

En todos lados hay muestras de la importancia de capturar al tiempo en palabras, fotos, grabaciones o películas. Fue un logro comprender que mi obsesión con el tiempo y la muerte eran universales. Comprender que esa obsesión, en muchos casos, es la fuerza detrás de la creación.

El arte es lo único que puede detener al tiempo y a la muerte. Los que sublimamos, usamos lo que podemos para ayudarnos. Usamos lo que podemos para dejar entrar a las personas a nuestro mundo irreal. El poder dejar algo a la humanidad nos ayuda a encontrar una razón de existencia. Se me hace terrible existir sin que mi existencia no haya constituido una diferencia.

Yo he pintado cuadros, he compuesto música, he tomado fotografías, y he hecho esculturas. Al terminarlos he sentido una satisfacción profunda; pero estos medios no me han ayudado a transmitir todo lo que quisiera decir. No me han ayudado a plasmar totalmente mis emociones. Hasta ahora, con respecto a transmitir emociones, lo que más me ha servido es la palabra; por eso escribo. Muchos artistas sienten que las palabras no son suficientes para poder explicar sentimientos. Para mí, los poemas han sido la solución. Surgen en mí cuando no encuentro las palabras para expresarme.

Lo más valioso son los segundos después de acabar de leer el poema. Es ahí donde se transmite todo, donde está la conexión, la magia y la esencia.

Creo que todas las personas pueden sublimar y crear. La única manera es intentar, intentar todos los medios hasta descubrir el que más sirva. Cuando lo encuentren, encontraran la verdadera libertad.

El alma es como la palabra.
No se puede ver. No se puede tocar.

El alma se expresa en el silencio entre las palabras.

Las palabras de la poesía llenan el alma,
y traen consigo el secreto de cómo vivir.

E. FLORENCIA Y ROMA

A Italia había ido antes con mis padres, pero iba en un plan totalmente diferente. Con mi padre fuimos a todos los rincones de la ciudad. Nos despertaba a las 7:00 a.m., para llegar al museo antes de que abriera; y nos tenía todo el día caminando. Gracias a eso, ya conocía los lugares turísticos. Decidí que esta vez iba a hacer cosas que no había hecho con mis padres, y que no iba a poder hacer cuando tuviera una familia. Claro, también una de las cosas que más me emocionaba era la comida italiana. El comer bien es una de las cosas que más disfruto en la vida. Pienso que la comida de un lugar es lo que más te puede decir cómo es la gente de ese lugar. Los mismos calificativos que se usan para describir su comida, se pueden usar para describir a sus personas.

Ese día que llegué a Florencia, yo misma me sorprendí que esa ciudad me cautivara nuevamente. Es una ciudad llena de cúpulas, torres, palacios y edificios medievales. Las casas están pintadas de colores cálidos, y todo está lleno de flores. La ciudad es igual de clara que su cielo, siempre despejada y en las noches sólo se ve el brillo de sus estrellas. La ciudad, siendo alegre, transmite una cierta nostalgia y melancolía. Toda la ciudad es arte, historia y cultura.

Debo decir que la comida también es una obra de arte. Podría escribir todo lo que comí, pero no quiero que parezca un índice de un libro de cocina italiana. Sólo mencionaré lo que cené el primer día. De entrada, pedí una pizza suculenta que tenía cebolla, salchicha y cuatro quesos; de beber, *chianti*, y de postre disfruté un helado de diez sabores: capuchino, tiramisú, marrón glasé, tartufo, trufa, cereza, nutela, dulce de leche, supa inglesa y ferrero roche. Es el helado más grande que me he comido en toda mi vida. Saboreé bocado por bocado.

Durante el día, caminaba más de diez kilómetros viendo las cosas turísticas. Durante las noches casi no dormía. Tengo la gran fortuna de poder dormir hasta de pie; así que en los trenes caía profundamente dormida.

En Roma, fue la primera noche que me quedé en un hostal. Gracias a eso, tuve una de las mejores noches de mi vida. Mi noche empezó en un bar. Como en las películas, en un par de minutos, un italiano llegó a invitarme algo de tomar. Mientras hablábamos, me tomé un sambuca. Aparte de ser mi bebida preferida, es mi apodo. Lo pedí como me gusta: negro (aunque se ve azul), en las rocas y con moscas (granos de café).

Esa noche, no buscaba *ligar*; así que después de un rato, seguí mi camino a la Plaza de España. Me senté en las escaleras a ver a la gente pasar. De repente, oí a unas niñas hablando en español de México. Entablé plática con ellas. Estudiaban arte en Florencia y estaban esperando a otros compañeros para ir a cenar. Me invitaron a cenar con ellos a una *tratoría* típica romana. Después de la cena, fui a despedirme de la Fuente de Trevi. Según la tradición, todo aquel que echa una moneda a esa fuente regresa a Roma en un futuro. Después de echar mi moneda, estaba lista para regresar al hostal. Cuando llegué, estaban en el *lobby* cinco huéspedes charlando con el dueño. Me invitaron a sentarme. Eran dos niñas de Eslovenia que estudiaban medicina; un australiano y dos españoles. Nino era el dueño; tenía como treinta años, y era un hombre muy *cool* y guapo. Nos dijo que él era el dueño del bar de abajo y que nos invitaba unas cervezas. Yo pensé que se había acabado mi noche; pero sólo estaba empezando. Fuimos al bar y tomamos, cantamos y bailamos. Luego, Nino me invitó a dar un paseo por toda Roma en su motocicleta. Fuimos a las Termas de Caracala. Por todos lados había luces de diferentes colores y se oía música muy fuerte. Parecía que todo Roma estaba ahí. Era un festival. Había concierto tras concierto. Nos toco oír a David

Bowie. De regreso, Nino me dijo que me iba a enseñar la mejor parte de Roma. Llegamos al Coliseo como a las 4:30 a.m., nos saltamos la barda, y bajamos hasta las ruinas. Esa parte siempre ha estado cerrada a los turistas. En la periferia del Coliseo se veían varios túneles subterráneos, eran tan oscuros que era imposible caminar dentro de ellos. Nino me dijo que éstos forman pasadizos secretos que comunican con varias partes de la ciudad.

Nosotros nos sentamos exactamente en el centro. Me quede hipnotizada viendo las constelaciones en el cielo. Su estructura redonda lograba actuar como observatorio. Era increíble pensar que esas estrellas habían sido las mismas en la época de los romanos, y eran las mismas desde mi casa. Al bajar la mirada del cielo, caí en cuenta nuevamente que estaba en medio del Coliseo. Sentía que iba a ser devorada por los leones. En vez de tener miedo, sentía excitación. Al voltear, vi a Nino, un hombre con experiencia, con mirada intensa; un desconocido que si quería podía matarme o violarme. Sentía la adrenalina pasando por mis venas.

Nos sentamos en el piso y sacó de sus pantalones una tableta de color café que parecía chocolate. Yo no dije nada, sólo mire como la revolvía con tabaco y la empezaba a fumar. Me vio a los ojos y me dijo: "¿*Hashish?*".

Era la primera vez que veía *hashish*, y no tenía idea de sus efectos. Agarré el cigarro en mis manos y sentí miedo. Miedo de que esa sustancia pudiera echar a andar mis impulsos. Miedo de perder noción de mí, y después no recordar nada. Puse el cigarro en mi boca, y no pude inhalar nada. Nino empezó a levitar, y su tranquilidad fue absorbida por mí. Empecé a disfrutar el momento. Era un momento perfecto, romántico, puro. Mi cabeza estaba recargada en su pecho. Él empezó a darme masaje en la frente, en los ojos, en la boca, en el cuello. Me dio masaje en las manos, dedo por dedo, articulación por articulación. Sentía como su piel se desbarataba al contacto con la mía. Me iba relajando. ¡Cómo disfrutaba de las manos de un hombre tocándome los brazos, las manos, la cara, la espalda! Cuando tocó mis senos, dejé de disfrutar. No quería perder el control sobre mis impulsos. Mi cuerpo dio un pequeño salto. Nino me preguntó que si quería tener sexo. Le dije que no. Me dijo que me relajara y que me prometía que no iba a hacer nada que yo no quisiera. Había algo en mí que confiaba, o a lo mejor algo en mí que quería confiar en él. Al ver los primeros rayos de luz, corrimos, agarrados de la mano, como vampiros, hacia afuera.

Mi barco iba a salir desde Brindisi, así que corrí a la estación a tomar el tren. Mientras me quedaba dormida en el tren, pensaba en algo en lo que nunca me había percatado: Qué fácil es convertir sueños o fantasías en realidad. Lo difícil es valorar qué fantasías valen la pena, para así luchar por conseguirlas. Hay fantasías por las que no vale la pena luchar, pues podrían interferir con otras más importantes.

F. GRECIA

La mayoría de la gente tiene como ilusión conocer un lugar específico en el mundo. Durante años se preparan leyendo libros, viendo programas, preguntando y soñando. Para mí, ese lugar era Grecia. Desde pequeña, leía la mitología griega, sabía que Freud se había inspirado en ella para explicar muchas de sus teorías. Cuando tomé filosofía en el colegio, me apasionaron los filósofos griegos; no por nada dicen que la cultura griega fue la cuna de la civilización occidental.

Aparte, para un médico, dos figuras muy importantes son Hipócrates, el padre de la medicina; y Asclepio, el símbolo de la medicina. Ambos habían nacido en Grecia. Además, en mi familia la diosa Psique es muy importante. No necesitaba ninguna otra razón para ir. La comida se me hizo exquisita, variada, original, con mucho sabor, y con una combinación perfecta de ingredientes. Tenía muchas ganas de averiguar si realmente los griegos eran así.

En un abrir y cerrar de ojos estaba en Atenas. Mi sueño se había convertido en realidad. Había oído que la gente odia o ama Atenas. Uno tiene la opción de fijarse en la contaminación y en los edificios feos construido para los inmigrantes, o valorar la fusión entre Este y Oeste, ver los geranios colgando por todos lados, conocer a su gente y ver en todo momento la parte más mágica de la ciudad: La Acrópolis.

No quise dirigirme inmediatamente a la Acrópolis, aunque sentía una atracción enorme por subir y estar cerca. Tenía que digerir su presencia, que realmente impone. Durante todo momento la tenía presente, la podía ver desde las avenidas, desde las plazas e inclusive a través de tanta contaminación. Se me hizo que era una especie de luna que ve continuamente a lo lejos el paso del tiempo, estando ella en un tiempo estático. Una luna donde los humanos hemos dirigido nuestros sueños, nuestra poesía, nuestros miedos y nuestros dioses; donde hemos sacado parte de nuestra historia, de nuestra filosofía, de nuestra ciencia y de nuestro conocimiento.

Don Quijote le dijo a Sancho: "háblame de la verdad", y Sancho habló:

La verdad es lo que todo mortal quiere encontrar,
lo que todo sabio piensa tener,
lo que todo profeta quiere imponer,
y lo que todo soñador quiere tener.
La verdad es como un pájaro transparente
si acaso desaparece, es que nunca existió.

Había llegado el momento de subir. Fui siguiendo las flechas que rodeaban la colina. Mientras caminaba por tanta piedra leí que habían construido la ciudad en el siglo V a.C., durante el gobierno de Pericles. Se construyeron los templos, puesto que el oráculo de Delfos dictó que la ciudad fuera sólo para los dioses. Vi el Teatro de Dionisio, el Odeón y el Ágora... De repente estaba enfrente del Partenón. Fue tanta la emoción que me hinqué. Definitivamente era un lugar sagrado. No por nada había sido primero un santuario dedicado a Atenea, luego una iglesia, y hasta una mezquita. Mis ojos veían 8 columnas de frente y 17 laterales, y en su totalidad mármol. Veía arte, estética y belleza. Enfrente de mí tenía al Partenón; y a mi espalda, toda la ciudad y el mar. Sentí siglos pasando por mis venas. Entendí que no estamos solos, estamos entrelazados por una misma historia.

Comprendí que los libros y los museos no pueden transmitir tanta emoción. Fue misticismo, filosofía y conocimiento. Simplemente se llenó mi alma, la alimenté con pura espiritualidad. Todos los dioses y filósofos se sienten en el aire. Me metí al mundo mitológico y me di cuenta que no importa quién fue creado humano y quién fue creado por el humano. Las estatuas de los dioses y de los filósofos están hechas con el mismo mármol, es difícil distinguir. Ambos están presentes en cada uno de nosotros. Para mí, cada Dios representa partes de nuestra personalidad, sentimientos o situaciones. Había valido la pena soñar, había valido la pena vivir, sólo por esos minutos que pude comulgar con nuestra historia.

Según yo, ya había visto y conseguido lo que quería de Grecia. Ya no me importaba a dónde ir. En el barco, de camino a Grecia, conocí a unos españoles. Nos hicimos tan buenos amigos, que decidí viajar junto con ellos a algunas islas. Tenía excelente compañía, la comida era una delicia, y encontré que los griegos definitivamente eran como su comida. ¿Qué más podíamos pedir?

Después de tanto pensar y meditar, después de tantos museos y cultura; había llegado la hora de *reventar* y disfrutar. Nos subimos al barco camino a Ios; en broma se dice que la isla se llama así por ser las siglas para *Island of Sex*. Todo el barco estaba lleno de gente de nuestra edad. Unos bailaban, otros nadaban en la alberca, otros se conocían. Nosotros tuvimos un encuentro profundo con Poseidón (mar) y con Dionisio (vino), mientras jugábamos ajedrez.

En el muelle tuvimos muchas propuestas de acomodación. Al final conseguimos un departamento para seis personas a treinta dólares. El dueño nos pidió que no comentáramos el precio con la pareja de abajo; puesto que como venían a pasar su luna de miel les iba a cobrar trescientos dólares.

En el día, la isla parecía desierta, pero en la noche se convertía completamente en un *rave*. Tenía infinidad de bares y discotecas. De todos lados salía gente, no había un lugar sin música muy fuerte, llovía sudor revuelto con alcohol, y todos actuaban como si fueran íntimos. Había gente de todas nacionalidades, gente de todos colores, homosexuales besándose, hombres y mujeres desvistiéndose, y gente *metiéndose* cocaína e inyectándose drogas. La mayoría estaba buscando con quien acostarse. Todos borrachos. Todos bailando. En un fin de semana bailé con más de cincuenta hombres, besé a más de diez, me invitaron más de treinta bebidas y me pagaron la entrada a más de quince discotecas. No sólo ha sido una de las fiestas más locas que he ido, sino también ha sido la ocasión en que peor *cruda* he tenido. Descubrí la verdadera venganza de Dionisio.

Después de tanta fiesta, sólo quería descansar. Decidimos tomar otro barco para cambiar de isla. Yo estaba *fregadísima*. Aparte de estar muy *cruda*, y tener la piel quemada por tanto sol; tenía la planta de los pies cubierta de ampollas por tanto caminar. Ya no podía más. Acabé durmiendo en el suelo, bajo unos asientos en el barco. Estaba tan cansada que me dormí con la oreja doblada contra el suelo, y desperté con mucho dolor. Cuando me bajé del barco, mis ojos no lo podían creer, habíamos llegado a Santorini; una de las islas más preciosas de Grecia. Yo pensaba que esas casitas blancas con ventanas azul claro sólo existían en fotografía, pero ahora puedo decir que es inmensamente más bello verlo en directo. Eran tan bonitas las vistas al mar Egeo, que era difícil para mí aceptar que todo era realidad.

Lo único que hicimos en varios días fue dormir, nadar en la playa, cenar viendo la puesta del sol, y ver las constelaciones desde la playa junto a la fogata. Un día, me pasó algo especial en Santorini. Fui con mis amigos al pueblito a caminar. Estaba yo tan contemplativa, que cuando me di cuenta ya había perdido a todos. Como no pensaba pasarme las horas buscándolos, decidí curiosear en las tiendas. En una de ellas había una vieja que llamó mucho mi atención. Estaba leyendo un libro mientras que fumaba un cigarro; se veía que disfrutaba plenamente el momento. Físicamente se parecía mucho a mí. Tenía la piel blanca, el cabello largo y bien cuidado, usaba lentes, y le sonreía a todo aquel que hiciera contacto visual con ella. De alguna manera, ella era un espejo de cómo me imaginaba yo misma de anciana. Por hacerle la plática, le pregunté qué libro leía. Se me quedó viendo a los ojos y me dijo que alguna vez había oído que la gente inteligente tenía la vista como la mía; con el iris más pequeño de lo habitual, por lo que se veía abajo de el lo blanco del ojo. Era un dato curioso y una bonita manera de decir que parecía yo inteligente. Dejé que me enseñara las cosas de su tienda: fósiles, piedras, relojes y cosas místicas. Lo que más me llamó la atención fue un disco hecho de plata. Estaba diseñado para ponerlo en un collar; se podía partir en dos. El disco tenía símbolos primitivos adentro de compartimentos. Éstos formaban una espiral. La señora me dijo que se llamaba el disco de Phaistos; que tenía 242 signos, 45 sílabas y 61 compartimentos. Dijo que habían encontrado el original en Creta y que todavía no lo habían podido descifrar. Me llamó tanto la atención que lo compré sin dudarlo. Me dijo que le diera una mitad a la persona con la que yo quisiera pasar el resto de mi vida, y que el círculo iba a sostener el amor mutuo por la eternidad. Me bendijo y bendijo el círculo. Además de ser una excelente vendedora, era una gran persona.

Después de la tienda, me senté en un bar y pedí un sambuca. La música que tocaban era preciosa. Pregunté cómo se llamaba el disco, me dijeron que era Haris Alexiou. Era una voz muy dulce, casi angelical. La melodía era muy bella, con un toque de melancolía. Me atrevería a decir que es una de las canciones más bonitas que había escuchado en mi vida.

Desde donde estaba sentada, se veía la playa y las montañas. Eran las 11:00 p.m. y apenas se empezaba a ocultar el sol. Todas las casitas blancas empezaron a cambiar de color iluminadas por el sol. Unas eran amarillas, otras naranjas y otras rojas. También el mar cambiaba a diferentes tonos de verde y de azul. El cielo, en su totalidad, era azul fuerte; parecía más mar que el propio Egeo. Era un momento perfecto, y pensar que a diario desde ese mismo lugar hay ese mismo espectáculo.

Regresé al departamento como a las 2:00 a.m., pero no había llegado nadie. Yo no traía llave. Después de un intento fallido de entrar por la ventana, decidí irme a dormir a un camastro junto a la piscina. Sentí que dormí por una eternidad, quedé totalmente inconsciente. Cuando abrí los ojos, lo único que vi fue un cielo totalmente cubierto de estrellas. Durante varios segundos, perdí totalmente la noción de mí misma. No sabía dónde estaba, ni cuánto tiempo había pasado. Fue una de las confusiones más hermosas que he vivido.

Al día siguiente inicié mi camino de regreso a París. En Atenas me dijeron que había dos formas de llegar a París. Una, por Italia de la misma manera en la que llegué. Y la otra manera por Tesalónica, Yugoslavia y Viena. Me pareció más emocionante la segunda opción.

Después de varias horas en un tren que parecía de la época de la Primera Guerra Mundial, llegué a la antigua capital de Macedonia. En la estación busqué casetas de información; pero no encontré ninguna. En las taquillas nadie hablaba inglés ni español, era imposible comunicarse. Después de buscar mucho, encontré en una oficina a una señora que hablaba un poco de inglés. Me dijo que era peligroso entrar a Yugoslavia porque había guerra. Dijo que tendría que cambiar cuatro veces de tren en Yugoslavia y que probablemente en 48 horas llegaría a Viena. También me dijo que tuviera cuidado a donde pisaba porque todo estaba lleno de trampas escondidas y minas. Para no hacerles el cuento largo, me fui directo al aeropuerto y me conseguí un boleto en el primer vuelo disponible a cualquier parte de Europa. El avión se dirigía a Stuttgart. En el avión saque el mapa para ver en que país estaba Stuttgart. Alemania.

G. STUTTGART Y BERLÍN

El avión de Tesalónica a Stuttgart me pareció una máquina del tiempo. Era muy fuerte el contraste entre los dos lugares. Stuttgart era una ciudad tan moderna y tan limpia, que parecía que de un segundo al otro habían pasado cincuenta años. Todo parecía estar tranquilo, casi no había gente. Todos estaban en la Feria Anual del Pescado. Comí muy rico: patatas fritas, cocidas, asadas, hechas puré y bola; y claro, pescado. Como era patrocinada por una marca de cerveza, regalaron cerveza como si fuera agua. Me dio tiempo de dormir un rato en el pasto antes de tomar el tren a Berlín.

Aunque ya habían pasado varios años desde que habían quitado el muro, todavía se sentía mucho la diferencia entre la parte este y oeste de la ciudad. Era una sensación muy extraña que con tan sólo cruzar lo que había sido la línea divisoria, todo el aire cambiaba. Del lado que había sido comunista se veía una nube gris, todos los edificios se veían muy viejos y descuidados, no caminaba nadie en la calle, y todo estaba silencioso. La poca gente que se veía eran viejos que parecían deprimidos. Las pocas tiendas que vi sólo vendían uniformes de los nazis, swásticas y cosas de la guerra. Al cruzar la muralla de regreso, sentí como si hubiera despertado de una pesadilla. En todos lados se oía música, y la gente estaba feliz. Era raro, pero parecía que los colores también cambiaban; la parte este parecía estar en blanco y negro, mientras que el oeste parecía estar en *technicolor*. Sé que dos días que estuve en Berlín fueron pocos para poder ahora hablar de esa ciudad, Puedo decir que es una ciudad fascinante, pero también puedo decir que es una ciudad ambivalente. Me encantó y me desagradó; sentí felicidad y tristeza, positividad y negatividad. Sentí que realmente todavía eran dos ciudades completamente diferentes tratando de fusionarse.

Tomé el tren de noche que iba de Berlín a París. Era mi último viaje, así que no me quise dormir. Paseé por los vagones; salté entre los vagones; disfruté del viento al sacar la cabeza por la ventana; y crucé todo Alemania, Luxemburgo y Bélgica. En un vagón hablé con unos españoles. Después de un rato me dijeron: "Salimos todos juntos en Bruselas, ¿vale?" ¡En Bruselas! Si yo iba a París. Me enteré que se separaba el tren, una parte iba a Bruselas y la otra a París. Apenas me dio tiempo de salir corriendo e irme con el tren que tenía mi maleta.

Durante toda la noche, se veía todo negro por la ventana del tren; a lo lejos estaba la luna diminuta. Mientras me despedía, el amanecer se volvía un cuadro impresionista gracias a la velocidad del tren. Sólo rayos rojos, azules y verdes...

Avión de regreso

El calendario dice que han pasado seis semanas, pero para mí este viaje fue toda una vida. Ha sido muy importante desde varios puntos de vista. Probablemente ahora no sepa claramente qué fue lo más significativo del viaje; pero sé que he vivido, he reafirmado y he crecido.

Viajar es precioso. Yo podría ir de mundo en mundo deambulando por el universo.

Cierro los ojos y comienzo a ver fotos interminables. Ahora empiezo a extrañar. Es el sueño vivido por mí. Así sí vale la pena vivir.

Ahora estoy lista para cerrar este capítulo y regresar para entrar a segundo de Medicina. No hay necesidad de despedirme, por que todo vivirá dentro de mí, continuaré esta vida. Voy a continuar volando...

7

El amor es uno de los temas más controversiales debido a que la experiencia de estar enamorado, o amar, es subjetiva. Varias veces me he encontrado discutiendo este tema. Un día presencié una de las discusiones más absurdas que he oído; mi padre con un amigo psicoanalista discutían agresivamente en el restaurante Hunan. Su amigo decía que el amor se acababa y mi papá decía que no. Casi tuvieron un *food-fight*, yo no sabía a dónde meterme. Ninguno de los dos se dio cuenta que los dos estaban hablando de dos cosas totalmente diferentes. Yo, siguiendo su ejemplo, me senté en el café El Lugar de la Mancha a discutir con un amigo. Después de una botella de vino, concluimos que el amor no se crea ni se destruye, sólo se transforma.

Sí le preguntan a mi hermano mediano, diría que el amor está en varias partes del cerebro. Contestaría: "En los estudios con MRI funcional encontraron que la actividad se encuentra restringida en la ínsula medial, en la corteza anterior del cíngulo, en la parte posterior del giro cingular y en la amígdala. Todo esto lateralizado al hemisferio derecho en la corteza prefrontal, parietal y temporal media. Es una red neuronal que incluye todas estas estructuras del sistema límbico y sus conexiones a la corteza prefrontal".

Lo cierto, y lo que nadie me puede discutir, es que el amor no se entiende; se siente. El amor es como todo sentimiento; es dinámico, no es estático. No puedes estar siempre enamorado. Viene, va y regresa. De igual forma, se puede decir que uno no puede estar 100% del tiempo feliz ni 100% de tiempo melancólico. Lo ideal de una pareja es que tengan como valor ayudarse mutuamente a llegar a ese amor y a esa felicidad día con día. Sí una persona algún día hizo que tú sintieras amor, te aseguro que tiene la capacidad de hacerte volver a sentir ese mismo sentimiento, aunque haya transcurrido el tiempo que sea. Puede ser que las condiciones no se den, o que el enojo, el engaño o los celos no permitan que se manifieste. Lo importante es entender que el amor esta dentro de nosotros mismos: el amor no se crea ni se destruye, sólo se transforma. No es conveniente casarnos con cualquier persona que nos haga sentir amor. Pienso que para que una relación funcione, uno tiene que amar con el sistema límbico (corazón), con las neuronas (cabeza) y con las hormonas (deseo sexual). Es necesario llenar de amor todas estas partes. Si no, uno eventualmente necesitará a otra persona para llenar el vacío. Si acaso llega alguien en el futuro que si pueda llenar en todas las áreas, será muy fácil dejar a su pareja por el otro. Pienso que ésta es la razón por la que existen tantos divorcios.

Con este pequeño preámbulo quisiera introducir aquí una etapa en mí vida, precisamente vivida durante el segundo año de la carrera de medicina. Ha sido la época más difícil para mí. Fue un gran cambio, para toda mi familia, el que mi hermano mayor se hubiera ido a vivir a Estados Unidos con su esposa. Yo regresé de Europa. Cualquiera que ha viajado durante la adolescencia, sabe que es difícil regresar. Regresar, a un mundo donde ya no eres tú. Llegué, y al toparme con la realidad me desorienté. A las pocas semanas el chico con el que salía me dijo que no estaba listo para tener una relación estable. Es muy fuerte que la persona que más amas, te dice que no quiere estar contigo. Yo estaba tan deprimida y triste que nada me interesaba. Hasta incluso pensé en dejar la carrera.

No hay una historia verdadera, hay miles. Cada vez que recuerdo todo, es una historia nueva. Lo único que puedo recuperar intacto de ese entonces son poemas y cartas que escribí. De esta manera, todo se repite una vez más. En esta historia, al igual que en la vida, no existe el tiempo. Ésa es la razón por la que primero pondré los tres poemas más representativos, y luego pondré los demás sin ningún orden específico.

I

En el momento en que tú y yo nos encontremos,
la luna va a ser el sol;
y el alma tendrá un encuentro fugaz con su fuego.

El jugo de las uvas, sangre se convertirá dentro de ti;
y así beberé de tu vino.

En el momento que tú y yo nos hagamos una estrella,
el cosmos se convertirá en auge.

Tu llanto llamará al agua a caer sobre mi pecho.
Mi piel encendida en llamas, te aclamará.
Nos convertiremos en luz.

Será el segundo donde la muerte y la vida
juntos proclamen esta pasión.

Inundación que llena, que se escapa;
y nos convierte en un solo suspiro.

Ven a mí, siente la frescura del aire.
Evaporándonos los dos,
en una noche, en un momento; seremos inmortales.

Y así; nos convertiremos, nos proclamaremos, nos sumergiremos.
Tú y yo, palomas convertidas en serpientes, nos amaremos.

II

Dos fuerzas luchando en diferentes polos:
Cascada de sangre que quiere sabiduría.
Entendimiento que no quiere sentir.

Corazón ausente: ¿Dónde estás?
Te busco en la oscuridad, y la sangre pálida muerta está.
Se muere, se asfixia en lágrimas;
pues tu ausencia no es paz.

Todo nublado, todo acabado, me has matado.
Cuando una ilusión muere y desaparece; ya no existe amanecer.

Cuando ya no salen estrellas, ya no hay futuro;
pues el presente se ha agotado.

Sólo te pido a gritos un poco de sangre;
un poco de ti para poder vivir.
Tú que hiciste que viviera pasión, amor y vida;
me entierras en el silencio de la noche.

Dejas en mí una fuerza, que es el otro lado de la moneda.
Ya no hay fuerzas que luchan, pues sólo existe la ausencia.

III

Después de amarte con tanta pasión, después de odiarte sin razón;
me sumerjo en nuestras lágrimas, y veo tus ojos gritando con sudor.
Cómo quisiera diluirte en mi sangre y dejar amanecer.

El poeta necesita un amor tormentoso.
El artista necesita melancolía.
Gracias, Gitano.

Quisiera sentirte, pero no estamos ahí.
Te tomo en mis manos y siento la arena del mar.
Cierro los ojos y oigo la tempestad.
Respiro y comienzo a sentir.

Paloma azul que dejo ir en el sendero de la vida.
Me abstengo de lo mental, y me deslizo con las memorias.
Empezaré sin ti.

Memorias. Eso es: memorias; mi presente y mi futuro. Muchas memorias que acumulo día con día. Algunas, olvidadas serán; algunas, negadas. Pero tú, memoria serás. Recuerdos, es así. Muchos y pocos que en algún tiempo resurgirán. Fotos en mi mente que me hacen sonreír. Lágrimas en mis ojos que me permiten sentir.

Existes en mí. Alguna vez te negué, te odie, te aluciné. Alguna vez te anhelé, te suspiré, te amé. Ahora, sólo memorias y nada más. Caminos separados. Palomas que vuelan en distintos caminos con el mismo final. Alguna vez nos atravesamos en el aire. Alguna vez fuimos. Así fue.

Por algo suceden las cosas. Hay que saber aceptarlas. Hay que saber vivir, porque todo tiene un fin.

Tu vida, tú la escribirás. Recuerda, sólo un libro es. Y porque te quiero tanto, espero que lo escribas sin confusión, con sabiduría.

Despedida no, eso no existe en esta vida. Ni la muerte, pues uno vive dentro del recuerdo.

Los días cubrirán mi dolor.
El amor cubrirá tu recuerdo.
El viento apagará el fuego.
Pero los momentos que pasamos juntos, nadie los podrá quitar.

Por fin había comprendido lo que me habían dicho: "Cuando estés triste escribe…"

No hay dolor más intenso que el amor,
ya que llega al alma y carcome el hueso.
No hay dolor más puro que el amor,
ya que no tiene curación y se vuelve eterno.

Tú hiciste que yo amara
y el fuego de los dioses adoraron al Sol.
Tú hiciste que te amara
al respirar las llamas del cielo mar, azul.

Ahora te marchaste
y yo ya no soporto el suspiro de mi alma:
azul afrodisiaco, envenenado.

Tú hiciste música en el tiempo,
abriste caminos insolentes
y ahora te vas hacia el Este enmascarado.

Tú decías que me amabas,
que me iluminabas como bestia desenmascarada.

Ahora mi cuerpo no entiende nada.
Sólo la ausencia de aquel actor.
Mi mente sólo se cuestiona si sólo fue la luz.

En noches como éstas veo el amanecer
y ya no sé si sólo es el recuerdo del ayer.

Todos los poetas necesitan un amor tormentoso, pasión y dolor. Eso se disfruta intensamente ya que uno siente el alma. El poeta necesita sufrir para escribir. Yo no sé si el poeta se hace al encontrar eso o si el poeta lo busca. De alguna manera te agradezco que no me dejes ir, dado que me das alimento para esta pluma.

Detenida en el camino que juega el sentido.
Comunicando lo vivido y no lo sentido.
Me alejo, me aparto de ti y mueres ante mí.

Cuando me levanto, las cenizas se van muriendo.
Si acaso dejo que nunca mueran, un incendio causaré.

Un paciente me dijo: "Vive mucho porque lo que vivas ahora será tu aliento para vivir. Será tu ilusión y tus sueños cuando estés vieja y te estés muriendo como yo".

Esos instantes serán mi fervor por el resto de mi existencia.
Serán la fuente de mi inspiración en los momentos de luna,
y me acompañaran una y otra vez más en mi soledad.

En el recuerdo, ha muerto el dolor.
Pero el amor sigue,
la pasión de ese instante,
y el suspiro de tu existencia.

Te he atrapado en ese momento,
y logré quedarme en tu memoria.
Mientras más lunas veamos pasar,
será cada vez más fuerte el instante de ese recuerdo.

Te seguirá buscando,
ya que quedas impregnado aquí;
en el fruto de mi inspiración.

Una vez más, te siento pasar por mi sangre,
luchar en tu piel,
y alcanzarme en el mismo punto donde estamos ahora los dos.

8

A la semana de llegar de Europa, entré al segundo año de la carrera. Además de todavía seguir con *jetlag*, estaba yo muy desorientada. Las pocas ganas que tenía de regresar a clases se me quitaron al ver mis horarios. Tenía clases de lunes a jueves de 7:00 a.m. a 8:00 p.m. y viernes de 7:00 a.m. a 5:00 p.m. Sólo teníamos una hora para comer. Tuve que dejar de ir a mi clase de pintura, porque era a la misma hora que inmunología. También dejé de ir a nadar, pues no me quedaba tiempo ni ganas.

Tenía mucho miedo de entrar a segundo. Sabía que era el año más pesado y difícil. Teníamos una gran carga de materias: Inmunología, Introducción a las Practicas Médicas (IPM), Formación Humana, Informática Médica, Salud Pública, Farmacología, Nosología, Fisiología, Microbiología y Cirugía. Todos le tenían mucho miedo a IPM, farmacología y a fisiología; porque que cada año no aprobaban a muchos. Cuando alguien no aprobaba una o dos materias tenían que volver a repetirlas durante el siguiente año. Si un alumno no aprobaba más de dos materias lo sacaban.

A. ECOLOGÍA

En ecología o microbiología estudiábamos bacterias, virus y parásitos. Nos enfocábamos en su anatomía, su fisiología, su manera de reproducción, su ciclo vital, su forma de entrar al huésped e incluso su manera de ir al baño.

En ese entonces, se me hacía una materia absurda. Yo no quería convertirme en veterinaria de microorganismos.

Por varios meses, me la pasé como *zombi*. De alguna manera, sentía que seguía de vacaciones. Definitivamente, mi mente estaba en todos lados menos en donde debía de estar. Muchas veces sentía que todo lo que había aprendido en primero se había evaporado, no me acordaba de mucho de lo que ya había estudiado. No tenía energías para estudiar, y me era muy difícil concentrarme. Me despertaba e iba a clases por puro automatismo. Aquí un ejemplo de lo que me ponía a escribir en vez de estudiar o hacer mis trabajos:

La vida: un juego de ajedrez.
En el ajedrez, una movida hace toda la diferencia. Es un juego serio y profundo que está lleno de meditación y de sabiduría. Lo importante es cómo se juega, no cómo se acaba.

Todo el juego acaba según las movidas hechas. Dependiendo de las movidas, el juego es más intenso, más importante, más largo o más corto. El que controla el otro lado del ajedrez es lo externo; lo que nos hace decidir qué movidas hacer. Alguna vez, Octavio Paz dijo que todos mueren según como vivieron. Si alguien tuvo una vida mediocre, muere mediocremente; si alguien tuvo una vida intensa, muere intensamente. Todos acaban el juego según como jugaron. Yo sí prefiero tener un juego intenso, vivir intensamente cada momento, cada jugada.

Caminando en el pasillo de la vida, me topé con mi sombra. Sombra profunda y desconocida, que quise descoser. ¿Por qué tú, sombra, eres mas profunda que yo; si yo soy tu creadora? ¿Por qué tú, sombra, tapas mi brillo, si yo soy la que vivo?

Paso a paso me acompañas, me das energía, me levantas, y juegas el juego doble de la vida. Eres parte de mí, dependes de mí; pero a veces me controlas. Me llevas sin saber por qué.

Dime quién eres. ¿Acaso eres mi inconsciente que se asoma? ¿Por qué ves más profundo que yo? ¿Cuando sueño, estás ahí? ¿Acaso existes en el mundo oculto de la poesía?

Así logro controlarte, logro desaparecerte; pero sé que sigues ahí en lo desconocido. Hazme un favor, cambiemos de lugar. Mi soma se va al aire, y tú, alma mía, llegarás a mi sangre. Así podré descifrar el papel que juego aquí. Aquí en este cosmos. No hay palabras, no hay sentido

¡Ya! ¡Se acabó! No voy a ponerme a alucinar. Cambio y fuera. Tengo que hacer un trabajo de ecología, de *bichología*.

Virus, bacterias, seres que nos acaban, que nos controlan. Somos tan poco geniales que tenemos una guerra contra ellos. Sin ellos no podemos existir. Deberíamos unirnos con ellos. A lo mejor nosotros somos los bichos que vivimos dentro de otro bicho. No me gustaría que hubiera una guerra contra mí.

¡Qué absurdo! Si una bacteria se diera cuenta que yo estoy aquí sentada tratando de hacer un trabajo sobre ella, se reiría: moriría de la risa. No me imagino a una bacteria sentada escribiendo de los humanos... ¡Ya! Deja de jugar y ponte a trabajar

B. SALUD PÚBLICA

Por muchos años me quedé con la idea de que salud pública era darle consulta a la gente de bajos recursos, educar a la población y aprender burocracia. Con el tiempo aprendí que era la ciencia y el arte de prevenir enfermedades, prolongar la vida y promover salud en la sociedad. Durante la carrera nunca me enseñaron que era la base de la investigación. El arte es tratar a la población como si fuera un enfermo; hacerle el diagnóstico y el tratamiento global para ayudar a miles y no sólo a un individuo. Cuando conocí a médicos de otros lados del mundo me contaron que ellos en esa materia veían las bases de la investigación, epidemiología, estadística, psicología, y hasta les enseñaban a entender completamente cualquier artículo médico...

Lo positivo de esa clase fue que durante el transcurso del año fuimos diez veces a dar consulta a gente de una comunidad de bajos recursos. Eran nuestros primeros pacientes. Era triste saber que mucha de esa gente la única atención médica que tenían era la de unos estudiantes de segundo año que no sabían nada.

Fue muy emocionante atender a mi primera paciente. Era una señora humilde que tenía quejas de todo. Pensaba que yo sabía todo, y casi me entregó su alma. Yo estaba muy nerviosa; pero ella no lo notó. Como me habían enseñado, primero hice su historia clínica, y luego la exploré. Mientras que mi cabeza decidía qué decirle, la escuché durante media hora. No tenía la más mínima idea qué tenía. Me sentí bastante inútil e insegura de mí misma. Tuve *flashazos* de todas mis clases, pero no me llegó la respuesta. Si la paciente hubiera oído todo lo que cruzaba en mi cabeza, me hubiera echado a patadas. Lo peor de todo es que la señora me adoró, me contó su vida y después me regaló unas manzanas de su árbol. Me ayudó a darme cuenta de lo mucho que me faltaba por aprender. Toda la semana me dediqué a leer, a preguntar y a averiguar. A la siguiente semana regresé con el diagnóstico, con hojas informativas y hasta con el medicamento. En las siguientes consultas me di cuenta de que a la mayoría de los pacientes lo que más les servía era que los escuchara.

Vi la pobreza en la que vive esa gente. Yo ya sabía que había muchas personas que vivían en una pobreza extrema, pero era muy diferente ver y sentir su sufrimiento. Siempre que iba me acordaba que vivimos en un mundo injusto y cruel; donde la gente vive desconsoladamente. Me daba coraje ver que era así, por injusticia, costumbre, mediocridad, pasividad y sobre todo por ignorancia.

Uno que se queja de tanta tontería. De vez en cuando uno necesita una lección; una lección para recordarnos que muchas cosas no son importantes. Nada es para siempre. En el momento, nos distraemos con cosas insignificantes, sufrimos por cosas transitorias, no nos levantamos, y no vivimos plenamente.

C. TÉCNICAS QUIRÚRGICAS

A veces sentía que estudiaba para veterinaria. Aparte de que en los laboratorios de farmacología y fisiología teníamos que *despanzurrar* ratas, ranas y tortugas; en cirugía, era legal asesinar perros.

El quirófano estaba en el sótano, junto al anfiteatro. Era nuevo y muy bonito. Tenía todas las instalaciones de un quirófano de hospital. Primero entrábamos a cambiarnos de ropa a un cuarto donde había casilleros. Ahí dejábamos nuestra ropa. Nos poníamos el uniforme quirúrgico, el tapabocas, y nos cubríamos la cabeza. Muchos de nosotros no nos cambiábamos, sólo nos poníamos el uniforme arriba de la ropa. Salíamos por la puerta trasera, ésta se comunicaba al pasillo donde nos teníamos que lavar las manos. En la puerta nos teníamos que poner las botas. A partir de ese punto nadie podía entrar con ropa de calle. Nos lavábamos las manos siguiendo la técnica de lavado de manos, que duraba cinco minutos. Finalmente, entrábamos al quirófano.

El quirófano tenía varias mesas de operación. En total se operaban a cinco perros; uno para cada equipo de siete personas. Las posiciones iban cambiando cada clase. A veces nos tocaba ser cirujano, a veces ayudante, instrumentista o circulante.

A dos personas del equipo les tocaba ir a preparar al perro antes de la operación, a las 7:00 a.m. La primera vez estaba yo contenta porque me tocó con mi mejor amigo. Él era mi amigo desde *kínder*, llevábamos 15 años siendo amigos y compañeros. Esa mañana fría tuvimos que ir a recoger al perro a las perreras que estaban hasta el otro lado del edificio de la Escuela de Medicina. Nosotros no lo elegimos, nos lo dieron. Era bastante feo, no sé si eso era bueno o malo. El perro tenía mucho miedo y nosotros también, no queríamos que nos mordiera. Como teníamos que regresar 15 minutos caminando, y el perro ni se movía, lo tuvimos que cargar entre los dos. Ya en el sótano de la escuela, lo tuvimos que rasurar y preparar para la cirugía. Siendo callejero, estaba repleto de pulgas; creo que nadie lo había bañado nunca. Todo el tiempo que estuvimos con él, hicimos todo lo posible para no encariñarnos.

Durante las primeras cirugías todos hacíamos lo posible para no dañar ningún órgano. Cerrábamos la piel tratando de que no se hicieran cicatrices feas, y cuidábamos mucho al perro. Yo sabía que en algunas universidades reprobaban a los estudiantes si se les moría el perro. Operaban al mismo perro durante seis meses. Era un alivio que no aplicaba esa ley; el primer perro que operamos se murió, el segundo también, el tercero igual, todos; absolutamente todos los perros que operamos se murieron. Algunos, durante la cirugía, otros después. Al principio pensábamos que nosotros habíamos hecho algo mal; pero después se rumoró que el encargado del quirófano se las arreglaba para que los perros siempre recibieran una sobredosis de anestesia para que no sufrieran. Lo único que me quedaba era desconectar mis emociones, no sentir nada. Así de fácil los médicos perdemos nuestra sensibilidad, nos volvemos unos técnicos. Así pierde la sociedad al ser humano, y el mundo una sociedad. Pobre planeta, se va muriendo tranquilamente, al no sentir. No tenemos que ser así. Al no sentir, no vivimos, no somos humanos, morimos.

Cuando alguien se muere, la gente se lamenta diciendo:
¿Por qué murió? No me explico, ¿Por qué murió?

La respuesta es: porque todo mortal muere. Todas las personas que están junto a ti mueren. Todo los que nacen mueren. Todos serán olvidados, todos los mortales de esta tierra. Morirás, te extinguirás. Óyelo bien, léelo bien. Sí, léelo bien. Sé que ya lo sabes; pero quiero recordártelo. Quiero gritártelo: ¡Morirás! Nada ni nadie lo parará. Es un proceso inevitable. No lo niegues, morirás. Si vas a morir, ¿Por qué no disfrutas tu vida? ¿Por qué no haces todo lo que tengas que hacer en esta vida? Si sólo vives una vez, ¿Qué tanto haces perdiendo el tiempo? ¿Qué pasa si mueres mañana? ¿Qué pasa si te quedas con las ganas de hacer, o decir algo? Nadie podrá arreglarlo. Vive, vive intensamente, para poder morir hasta vivir. Morirás, morirá, moriré. Adiós.

Lentamente prosigamos en este mismo camino,
sendero luminoso que acaba en la nada.
Poco a poco se estanca la sangre en el callejón del olvido,
en el paraíso ilusorio de aquel actor.
Nuevamente se cierra el telón.
Mañana ya no hay respiro, porque te has muerto como yo.

Muertos olvidados en este paraíso ilusorio.
Sólo creen en el mañana, y sólo respiran putrefacción.
Continúen riendo, continúen soñando; porqué mañana será el adiós.
Ilusos personajes que inundan un valle con sus lágrimas encapsuladas, con su vientre enloquecido, con su alma desolada, con su afán de perfección.

Y así sonarán las cuerdas del laúd interminable.
En el crepúsculo se quedará todo el polvo.
El polvo intoxicado de sus almas.
Y así, por fin llegarán a ser libres. Ilusos personajes.

Sí. Estuve muchos meses deprimida. Nada me ilusionaba. Sentía que mi corazón se había muerto. Sentía que mi parte alegre y positiva se iba extinguiendo. Poco a poco, me asfixiaba en mi soledad. Trataba de salir con otros niños, pero sólo lo extrañaba más. Cuando salía buscaba por todos lados esperando encontrarme con él. Ya no sabía si sufría más quedándome en mi casa pensando en él. Justo cuando la tormenta se iba desvaneciendo, él volvía a hablar. Yo lo extrañaba mucho, y lo único que me importaba era estar con él; eso me hacía feliz. Hubo muchas veces que me decía que me amaba, y que no podía vivir sin mí; nos besábamos, y al otro día desaparecía. Sólo me dejaba con más sed y dolor. Es la época en la que me puse a escribir los poemas del capítulo pasado.

Un camino sin final; sin sentido.
Un segundo hasta terminar con olvido.
Un instante, cuando el futuro ha finalizado,
y la luna, en el día, ya no ilumina el sentido.

D. INTRODUCCIÓN A LA PRÁCTICA MÉDICA (IPM) 2

De repente hubo algo positivo en mi vida: me otorgaron una beca completa que pagaría toda mi carrera de medicina. Como debía tener un promedio mayor a nueve, me empecé a preocupar; había descuidado el estudio por sentirme triste y deprimida. A partir de ese día tomé eso como incentivo, y seguí *echándole ganas* a la carrera.

Hielo ensangrentado que se diluye en el cielo,
evaporación de mi alma.
Un mar de paz, donde la sangre es transparente.
Me sumerjo lentamente, suavemente,
y llamo a todo aquel que quiera desembarcar.

En primer año, en IPM, sólo aprendimos mucha terminología; pero en segundo, revisamos una de las cosas más importantes de la práctica médica: cómo hacer una buena historia clínica, y cómo revisar al paciente. Paso por paso, nos explicaron qué teníamos que preguntar, y qué teníamos que revisar. Así, vimos órgano por órgano; lo que era normal y lo anormal.

La clase empezaba a las 7:00 a.m. Si alguien llegaba tarde, podía entrar hasta las 8:00 a.m. Si uno no estaba en clase, era prácticamente imposible que entendiera de qué se había tratado el tema. Al principio de la clase, el profesor les preguntaba al azar a tres personas cosas referentes a una clase anterior. Las preguntas que hacía eran bastante específicas, por lo que era necesario estudiar siempre a fondo la lección anterior. Después de ocho clases nos hacía un examen. Dictaba diez preguntas que teníamos que contestar conforme las iba preguntando. Esta materia tenía lo que muchas otras no tenían: el profesor era bueno, los exámenes eran justos, tomaba en cuenta la asistencia, valoraba la participación, y además las clases eran de excelente calidad.

E. FISIOLOGÍA

En fisiología nos enseñaban como funcionaba el cuerpo. Vimos las diferentes funciones de cada órgano y cómo y por qué funcionaban. El profesor era cardiólogo y prácticamente daba esta materia porque le encantaba dar el módulo de *cardio*. Estuvimos meses viendo corazón. Tenía otros profesores para dar los demás módulos, porque él estaba tan ocupado que no tenía tiempo. Disfruté mucho esta materia. Es realmente fascinante darse cuenta que somos una gran máquina, hecha de muchas máquinas pequeñas que están interconectadas para hacer miles de diferentes funciones.

Eran muy interesante muchas de las cosas que estábamos aprendiendo; pero era muy pesado. Todo el día encerrados en clases, apenas nos daba tiempo para comer. Teníamos exámenes casi todos los días. Nos desvelábamos todos los días estudiando, y durante el fin de semana también estudiábamos. El poco tiempo que nos quedaba lo teníamos que usar para escribir los reportes de laboratorio para farmacología y fisiología. Debíamos entregar uno cada semana, y tardábamos cómo diez horas en escribir uno. Era muy pesado. Todos quedábamos muy cansados y saturados.

A pesar de que casi no tenía tiempo de nada, siempre hice espacio para ir a ver a mi *shrink*. Era necesario. Él fue el barco que previno que no me hundiera. ¿De qué platicábamos? Pues básicamente de lo mismo que estoy escribiendo aquí.

F. FARMACOLOGÍA

Había oído que una de las clases más difíciles de la carrera era farmacología. El profesor que me tocó era un médico militar como de cincuenta años, buena persona, con mucha paciencia. Era muy brillante; pero cuando explicaba la clase, nadie entendía nada. Nos pasamos varios meses viendo el mismo capítulo, y seguíamos sin entender nada. Se empezó a desesperar tanto, que empezó a mandar a médicos residentes a darnos la clase. Muchas veces, no llegaba nadie a darnos clase. Un día, nos llegó la noticia de que había fallecido. Nos enteramos que estaba en París, pues había ido a un congreso, y que a la mitad de la noche le había dado un infarto. *Nos pegó muy fuerte* la noticia. Nos sentíamos culpables por no haber puesto más de nuestra parte para entender la materia. Pasaron algunos días. De repente apareció el gran terrible monstruo que había sido profesor de mis dos hermanos y de mi padre, así que al oír mi apellido, sabía quién era yo. Para mi gran sorpresa, me cayó muy bien, me gustaban mucho sus clases y le entendía a todo. En esa época, no se los decía a mis compañeros; pero era mi clase favorita. La mayoría sufría mucho y no soportaban el cinismo del doctor. Claro, tuve que aguantar que nos obligara a tomar las ratas del laboratorio sin guantes.

Era interesante entender todo lo que pasaba con un medicamento, desde su producción hasta su funcionamiento en el cuerpo. Eso sí, los exámenes eran una *mentada de madre*. Siempre los hacía en sábado. Nos citaba a todos sus estudiantes en el aula magna de la universidad. A todos nos daba un examen diferente, para que fuera imposible copiar. Tenía muy buen oído, siempre oía a los que hablaban y les quitaba el examen. Las preguntas eran de opción múltiple, tipo: responda A si 1,2 y 3 son correctas, B si 2 y 4 son correctas, etc. La única manera de contestarlos era aprendernos todo de memoria, y entender todo perfectamente. Durante el examen nos teníamos que *romper* la cabeza para responderlos. Me sirvieron mucho los *tips* de cómo estudiar que me dieron mi cuñada y mi hermano. Hasta yo misma me sorprendía de que la mayoría de los estudiantes reprobaran los exámenes o pasaban con seis, y a mí me iba muy bien. Eso sí, creo que es la materia en la que más estudie.

G. FORMACIÓN HUMANA

En esta clase discutíamos problemas bioéticos y leíamos libros filosóficos. Muchos pensaban que ir a clase era una pérdida de tiempo, pero yo la disfrutaba mucho. Algunos días amanecía pensando que debía de haber estudiado literatura o filosofía; pero siempre concluía que podían ser mi *hobby*, y que hubiera sido imposible tomar a la Medicina como tal.

H. LLEGÓ LA PRIMAVERA

Meses pasaron estudiando y de pronto llegó la primavera; y con ella: mi cumpleaños 21. Después de tantos meses en la oscuridad, seguidos de meses estudiando fuerte para recuperar lo perdido; llegó la primavera con felicidad. Yo estaba feliz, y recibí mi cumpleaños con euforia. A celebrar Semana Santa, cinco amigas y yo nos fuimos a la playa. Como había estado privada de muchas cosas, llegué a disfrutar la vida al cien por cien otra vez. La luna llegó, y de mis amigas, yo la más loca. Era la que más comía, dormía, hablaba, cantaba y ligaba. Después de tantos meses, decidí regresar a la vida del romance, de las discotecas y de la playa. Sólo bailar, cantar y soñar.

Aprendí a estar tranquila y relajada, aunque tuviera muchas presiones. Aprendí que no valía la pena angustiarse, y que era mejor disfrutar la carrera sin obsesionarme. Llegaron los exámenes finales, y todos estaban muy neuróticos. Era una sensación nueva para mí sentir que sólo era un examen más, uno más de miles que había hecho. Tomar las cosas como realmente eran: sin importancia. Me había dado cuenta de que la mayoría de la gente se tomaba la vida muy en serio y ni siquiera sabían reírse de sí mismos. Me di cuenta que había muy pocas cosas que realmente tuvieran importancia. Desde esa época cuando me pasa algo que me molesta, me pregunto: "¿En un año te vas a acordar de esto y va a seguir teniendo importancia?", si la respuesta es no, dejo ir el asunto.

En el examen final práctico de cirugía me tocó hacerla de cirujana. Como yo había hecho lo posible para no tocar al perro durante todo el año, no sabía mucho. Mi mejor amigo me tocó de ayudante, y me enseñó todo lo que no había aprendido en todo el año. Sólo sabía hacer nudos, porque mi padre me había enseñado diez años antes. Tuve que aprender durante esa cirugía, a cortar, a disecar, a hacer hemostasia y a cerrar. Entendí lo bello de la cirugía. "El tiempo no existe. Se para el reloj. La mente se pone en blanco, y uno se aísla del mundo. Es místico tener el alma entre los dedos, la respiración entre los huesos. Nada importa en la vida más que ese segundo, ese momento. Al final, uno cierra y empieza de nuevo."

Me acordé que ya había sentido eso la primera vez que presencié una operación. Tenía yo quince años. En esa época escribí:

Por primera vez me asomé a ese mundo donde también habita Dios. Lugar que me transmitía paz y tranquilidad. Al meter los ojos ahí, vi al tiempo detenerse. Vi un color rojo que transmitía luz. Una sensibilidad al tocar la partitura de la pasión y comprensión. Un paraíso sin censor. Un lugar sin complicaciones. Un sentido del humor especial. Sabiendo de su existencia, me di cuenta de que tengo un mundo así. Saber que puedo ayudar a que ese mundo siga con felicidad, sentí una emoción que a nadie podré contar.

Por fin terminó uno de los años más difíciles de mi vida. Estaba muy, pero muy cansada. Durante el cansancio y presiones de mis exámenes finales, operaron a mi madre de una obstrucción intestinal. Mis defensas estaban bajas, y regresé con él. Me di cuenta que lo amaba, pero no con la cabeza.

Mis planes ese verano eran ir a Argentina. Un día antes de irme decidí ser fuerte. Con todo el dolor de mi alma, le dije: "No quiero que me lleves al aeropuerto. No me quiero despedir de ti porque me voy de viaje. Me quiero despedir de ti para siempre". Se había acabado el año.

Enero 1

Es momento para reflexionar sobre el año. De lo que fue. De lo que es mi pasado y mi presente. Un año bastante intenso, se podría decir. Un año que marca en mí mucho de lo que soy. Fue un año en el cual aprendí tanta información de medicina que mi *disco duro* casi revienta. Me dieron una beca, y me dieron un diploma del mejor promedio.

Un año en el cual me enamoré intensamente. Escribí los dos poemas más sorprendentes que he redactado. Crecí, y acepté que mi adolescencia había terminado.

Viajé sola por Europa. Abrí mis horizontes. Conocí gente. Aprendí, soñé, y viví. Fueron tantas cosas, que siento que fue toda una vida. Esos momentos revivirán en mí, y los cargaré a través de mi existencia. Lloré. Viví feliz. Me deprimí. Estuve lo más triste que he llegado a estar; pero también lo más feliz. Rompí mis umbrales de resistencia, de amor, de capacidad: de todo.

Los meses de agosto a diciembre fueron completamente negros para mí. Me sentía parada en la nada, dando vueltas; no llegando a nada. Sentía que no tenía salida. No sabía si estaba triste, no sabía si estaba deprimida, sentía un vacío; y nada más. Tormentas. Un círculo cerrado. Resistencias al más no poder. Había tantas cosas que no quería aceptar.

Me dolió en lo más fuerte de mis entrañas; pero se me rompió un poco lo narcisista. Me di cuenta que no podía controlar todo. Perdí el control de la situación, de mi vida y de mis emociones. Llegué a darle una probada a lo que es la locura. Un poco de lo intelectual y lo cuadrada de mi herencia pudo desvanecer con el aire. Lo necesitaba, lo anhelaba y lo viví.

Aprendí que tengo la capacidad de amar y de entregarme. Tengo la capacidad de dar con tanta fuerza. Esa capacidad es mía. Es mi sexualidad, son mis ganas de amar, mis emociones. Todo eso, es mío. Lo tengo adentro de mí. Eventualmente, lo iré esparciendo hacia el horizonte.

Diciembre fue luz. Me di cuenta de mi presente. Fui a Nueva York a ver a mi hermano mayor y a su esposa. Me di cuenta que ellos, que eran como mis padres, los inmortales, los fuertes, los que me protegían; sólo eran mortales. Que ellos, al igual que yo, eran adultos comenzando una vida. Me di cuenta que no siempre voy a vivir con mis padres. Que ahora que puedo, debo disfrutarlos a ellos, a mi casa y a mis amigos. Cada etapa de la vida debe de ser vivida en su momento y no después ni antes. Vi objetivamente a mis padres, a mis hermanos y a mí. Y estoy feliz, porque me doy cuenta de lo que tengo y de lo que soy. Por eso espero que el próximo año esté lleno de todo. No espero nada, no quiero nada. Todo llega solo, todo llega cuando debe llegar. Yo sólo quiero vivir. Y sí, me cuestiono qué pasará en el futuro, pero más vale vivir el presente; éste decidirá mi futuro.

9

Me subí al avión con destino a Buenos Aires con escala en Miami. Había llorado toda la noche porque me había dolido mucho despedirme de él. Cuando se empezó a mover el avión, se me salieron más lágrimas. Junto a mí estaba sentado un hombre guapísimo que me dio un pañuelo. Le sonreí. Me dijo que si tenía miedo le podía dar la mano. Y se la di. Era la primera vez que le daba la mano a alguien antes de ni siquiera decir una palabra. Empecé a volar junto con el avión.

El hombre me contó que era piloto. Me explicó cómo funciona un avión. Visitamos la cabina, nos acabamos una botella de vino, y nos contamos la historia de nuestras vidas. Llegamos a Miami. Como quedaban varias horas antes de tomar la conexión a Buenos Aires, acepté comer con él. No fue más que una comida agradable. Ya no lo volví a ver. No me gustó la idea de salir con alguien que viajara tanto.

Primera carta. Desde Buenos Aires a mi familia:
Cada vez que conozco una ciudad nueva siento que es la ciudad más bella. Creo que lo que me gusta es viajar y conocer cosas nuevas. Buenos Aires es muy especial. Es una ciudad con mucha personalidad. Tiene influencia de muchas otras ciudades; pero es única. Hay calles parecidas a las de París; y otras, a las de Londres. Hay una avenida muy parecida a Broadway, y otra parecida al Paseo de la Reforma de la Ciudad de México. Es una ciudad elegante y sofisticada, llena de fuerza y pasión. La gente vive, las calles están llenas de música, y la comida tiene sabor.

Yo tenía la idea de que los argentinos eran muy arrogantes; pero al ver su ciudad y conocerlos me he dado cuenta de que es todo lo contrario. Además, los hombres son guapísimos.

Yo sabía que hablaban con mucho acento; pero nunca me imaginé que incluso en las revistas escribieran todos los acentos incorrectamente. Usan palabras muy extrañas: *placard, armario; pileta, piscina; prolijio, limpio; rambla, pantalón; pollera, falda; boliche, discoteca; y kilmbos, problemas.*

En Argentina tienen su propia manera de ser, y no existen reglas preestablecidas. No da *jetlag* de horario, sino de estación; el agua se va por la coladera en contra de las manecillas del reloj, y la luna sale por el otro lado.

Hoy en la mañana me compré un reloj de sol. Tiene una brújula en medio. La colocas al norte, y tiene un hilo que te marca la hora en sombra; muy *cool*. Estaba pensando que me gustaría que hubiera un reloj en mi tumba. Podría ser de sol, o de arena.

Segunda carta. Desde Bariloche a mi familia:

Bariloche está en Argentina, cerca de la frontera con Chile. El lugar es bellísimo. Las casas se parecen mucho a las que hay en los pueblos en Suiza. Son casitas muy bonitas y arregladas. Como está nevando, se ven todas preciosas. Hay tantos foquitos blancos, que parece que estoy adentro de un cuento de Navidad. La vista es preciosa, se ve el lago junto con las montañas nevadas. En la plaza central hay perros San Bernardo. Traen colgados barriles con brandy. Uno puede tomarse fotos con los perros, o comprar una taza con brandy.

Siempre viene mucha gente a esquiar o a jugar en los casinos. Como es un lugar turístico, hay muchas discotecas y restaurantes. Es un lugar de ensueño.

Lo primero que hice fue ir a cenar a un restaurante alemán. Hay mucha influencia alemana, dado que llegaron muchos después de la Segunda Guerra Mundial. La comida estaba deliciosa. De entrada ordene vino chileno con un plato de diferentes tipos de quesos. De plato fuerte, comí carne de jabalí. De postre, por supuesto, me comí un rico *strudel* de cereza acompañado de un café irlandés. Después de ahí me fui al casino y luego a bailar. En la discoteca me enteré de que si quería ir a esquiar, tenía que llegar temprano a la montaña. Así que sin dormir, me fui a esquiar. Me encantó esquiar. Más que nada porque la vista fue algo increíble. Como no es época de turistas, no había mucha gente. Estuve completamente en contacto con la naturaleza. Comí en una cabaña donde conocí a un grupo de argentinos. Estuve hablando muy a gusto con ellos, y les ayudé a construir un iglú —¿Sabían que la temperatura adentro de los iglúes siempre es de cero grados?—. Después, construimos un muñeco de nieve y jugamos *guerritas*. Había mucha nieve; como dos metros. Nevó todo el día. Luego tomamos chocolate caliente y estuve tocando la guitarra junto a la chimenea. La cabaña está preciosa. Es muy rústica, no hay electricidad, y el agua es natural de vertiente.

Mañana vamos a montar a caballo a través de los lagos y los montes nevados. En la noche vamos a hacer una cena e intercambiar regalos, consideramos que no podemos tener un invierno sin Navidad. Es increíble; siento que estamos en diciembre. ¡Qué relativo es el tiempo! Hoy he tenido bastante tiempo para filosofar, y la vida me parece increíble. Amo la vida.

Carta de mi madre
¡Hola! Hasta aquí me salpicaste de nieve. ¿Cómo pasaste Navidad? Parece que *increíble*. Me da gusto que seas tan vital y comunicativa. Gracias por compartir tu capacidad de apreciación de la vida y tu encanto. Espero que te encuentres a una pareja que tenga la misma capacidad de disfrute y que lo compartas. Es verdaderamente raro que exista un ser tan positivo como tú. Por favor, no te vayas a ir al otro extremo y te encuentres con alguien negativo, que le atraigas por esa vitalidad. Créeme que eso haría que la perdieras, ya que los sentimientos negativos son contagiosos. Te felicito. Sigue así. Te quiero mucho. Cuídate, disfruta y valórate. Ya casi estás llegando a la vida adulta, sólo te falta encontrar a ese alguien. Besos, Má

Tercera carta. Desde Chile a mi familia:
Antes, yo viajaba a ciudades en busca de cultura, museos e historia; pero eso cambió cuando vi la belleza de los paisajes en Grecia y en el Monte Blanco. Así que tomé un barco que me llevó de la Patagonia a Chile.

Nunca me imaginé que existieran paisajes tan hermosos. El barco flotó por aguas transparentes, azul intenso y verdes. A través de los lagos navegó incorporándose a toda esa vegetación y naturaleza. El agua estaba rodeada de bosques, cerros, volcanes y montañas; todos cubiertos de nieve. Las nubes estaban coloreadas por el sol, mostrando diferente gama de colores. Es tan bello el paisaje, que pude comprender el mito de Narciso. En la superficie del agua, se llega a ver la imagen reflejándose de todas esas montañas. El barco, al acariciar esas imágenes, las iba moviendo lentamente, y nos íbamos fusionando a ellas. En este lugar, existe la paz, la armonía y la estética. Es tan preciso, que la naturaleza forma un concierto en donde diferentes tipos de pájaros cantan en el cielo. Vi varias cascadas; unas estaban congeladas en el tiempo, mientras que otras pegaban contra los lagos al son del mismo ritmo. Deslizándonos, poco a poco, cruzamos nuevamente fronteras inexistentes para llegar a un puerto al sur de Chile.

A través del camino, vi varias cabañas aisladas. Eran tan bellas que podría estar segura que eran parte de un cuento y que en ellas vivían duendes. No me sorprendió que el puerto al que llegamos pareciera ser uno de los pueblos de García Marques. El viento traía olor fresco a pescado, había casas de colores primarios construidas en madera; todo era pintoresco y el tiempo parecía repetirse. Inclusive, a lo lejos, me pareció ver a algunos Buendía.

Al atardecer, cojí un autobús que tardó toda la noche para llegar a Santiago. Yo me quedé totalmente dormida; soñando el sueño que en el día había tenido. En el transcurso de la noche, un niño se vomitó; y una señora echó mucho perfume para quitar el olor. Por fin llegamos a Santiago.

Me quedé en una pocilga de mala muerte. Las sábanas estaban sucias, el baño apestaba a orines de gato, y la regadera estaba llena de pelos. Por lo menos los dueños eran muy amigables. Hospedarme en una pocilga no me importó, ya era muy tarde para buscar otra cosa.

Nos quedaban pocos días y quería conocer las cataratas de Iguazú. Había oído que eran las más bellas del mundo. Al preguntar cómo llegar, me dijeron que de Santiago se hacían cuarenta horas en camión, así que decidí regresar a Buenos Aires, y de ahí tomar el autobús a Iguazú.

Cuarta carta. Desde Iguazú a mi familia:

Me dirigí al punto donde se juntan Paraguay, Argentina y Brasil. Crucé la selva Argentina en un *jeep*. Cuando ya no pude pasar, continué a pie. Al principio, sólo se oían ruidos de animales; principalmente de changos y pájaros. Al poco tiempo, empecé a oír agua. Usé el sonido como guía. Al irme acercando, el ruido se hacía más intenso. Caminé más rápido, mi corazón se aceleraba, y me emocionaba más y más. Un paso más, una rama más; volteé, y me quedé estática. No había palabras. Aunque nunca había oído un ruido tan intenso, tan imponente, tan perfecto; en ese segundo no oí nada. Mis ojos no podían creer que existiera ese lugar. Lugar donde se juntan 275 cascadas formando el arco iris más perfecto y detallado. Sí, había llegado al final de todos los arco iris habidos y por haber.

En mi cabeza empecé a oír la música de la película *La misión*, y pensé que el lugar era miles de veces más bello a como se veía en aquella película.

Como todos, había visto agua, tomado agua y sentido agua. Agua pasiva, vital o estática. Pero nunca había visto agua viva, llena de tanta pasión, de tanta energía, fuerza y vigor. En ese lugar se proclamaba la fuerza y el poder de la naturaleza.

Caminé kilómetros siguiendo la corriente, y luego cojí un barco para acercarme lo más posible a las cataratas. Todo el tiempo iba comulgando con la naturaleza, meditando y pensando. Me incorporé al todo. Ya no veía cascadas, changos, pájaros, montañas, ríos, lagos, nubes o cielo. En ese momento, era lo que somos.

Caí en cuenta que el humano se priva de tal estado, el estado ideal. Los animales, las plantas, el aire, el agua, las flores; viven en ese constante equilibrio, en esa constante perfección. Nosotros, humanos; nos hemos privado. Nos hemos sentido superiores, sin darnos cuenta que sólo somos una parte muy pequeña.

Ese día vi desde Argentina las cataratas brasileñas a lo lejos. Al día siguiente, fui a Brasil para ver la otra mitad. Ahí, tuve la oportunidad de subirme a un helicóptero para ver todo desde el punto de vista del observador. Me imagino que la sensación de ver todas las cataratas desde arriba, la selva y los ríos; se podría comparar, a menor escala, con ver la Tierra desde el espacio. Ahí, es donde nos damos cuenta de lo que tenemos y de lo que somos. Ahí, por fin aceptamos que todas las divisiones son irreales.

Avión de Buenos Aires a México

Estoy volando sobre Buenos Aires. Hay una pequeña capa de nubes, se reflejan las luces de la gran ciudad. Escucho la canción "No Llores por mí Argentina". La luna llena ilumina mi corazón para poder despedirme. Fue un viaje maravilloso. Soñé, crecí, aprendí, conocí y viví. Todo lo que dejé de vivir este año por estudiar, lo recuperé en estas vacaciones. Llegó el verano del 97, y yo corrí al invierno. Buenos Aires: tango, comida, fervor, locura, música, estilo y pasión. Los argentinos, al igual que su ciudad, se pueden describir como seductores. Es la única ciudad donde los hombres se acercan a recitarte poemas de Benedetti. La única ciudad donde un hombre me ha preguntado: "¿Prefieres la manera directa, o la indirecta?" Yo al decir directa, me ha dicho "¿Quieres acostarte conmigo?" Mejor la indirecta: "¿Tienes un cigarro?"

Bariloche fue un cuento. Me enamoré en Bariloche, un romance precioso con mi argentino: Me dejaste momentos especiales que revivo ahora. Me transporto a esa noche junto al lago. Me hiciste sentir inmortal, pues inyectabas fuego a mis venas. Toda esa magia la tenía yo. Yo soy la que está llena de energía que quiero derramar. En las montañas vi la paz de la melancolía. Tapé las estrellas con mi mano, e hice que el tiempo explotara. Galopé a caballo por la nieve, volé hasta llegar al lago. Cruzé los lagos y los Andes, desde la Patagonia hasta Chile. Luego, las cataratas me llenaron de energía al enseñarme de qué se trata la vida.

Ahora puedo continuar en esta vida.

10

Ya había aprendido a aterrizar, así que no me costó trabajo regresar. Estaba muy emocionada de entrar a la parte clínica de la medicina. Me iban a dar clases en los hospitales, iba a rotar en diferentes especialidades, e iba a ver pacientes de verdad. Un día antes de entrar, fui por mis horarios. Al verlos, se me quitó un poco la emoción. Ninguno de mis amigos o amigas estaba en mi grupo, y tenía que estar todos los días a las 7:00 a.m. en el hospital.

Los horarios eran pesados, y teníamos que manejar mucho para ir a los diferentes hospitales. En un hospital general rotábamos diario de las 7:00 a.m. a las 12:00 p.m. Nos daban clases teóricas de las 12:00 p.m. a las 3:00 p.m. en un aula del mismo hospital. En las tardes teníamos que ir a otros hospitales. Debido a que las distancias eran muy largas, y había mucho tránsito; muchas veces comíamos en el coche. Los lunes en la tarde, dábamos consulta en un pueblo. Los martes, miércoles y viernes; íbamos al poniente de la ciudad a perinatología. El jueves, teníamos psiquiatría en el sur de la ciudad. Y una vez a la semana, tomábamos geriatría. También teníamos algunas materias semestrales como Seminario Clínico, Dermatología y Ética Médica. Ese año nos graduamos como taxistas, y conocimos la gran Ciudad de México.

A. MEDICINA GENERAL

El hospital a donde más íbamos, se encontraba en una de las colonias más peligrosas de la ciudad. Constantemente había asaltos, raptos y asesinatos.

Como no nos dejaban meter el coche al hospital; teníamos que estacionarlo afuera. Todos los días corríamos riesgo al caminar en esa área. A muchos compañeros los asaltaron, aun dentro del hospital.

Lo que más miedo me daba, era que temblara. Doce años antes, el 19 de septiembre de 1985 a las 7:19 a.m. hubo un temblor que causó un gran desastre en la ciudad. No se sabe precisamente cuanta gente murió, pero la Cruz Roja estimó de veinte a veinticinco mil personas. En este temblor se derrumbaron parte de los edificios del hospital a donde estaba yendo y otros hospitales en la misma zona. En estos hospitales quedaron tres mil personas sepultadas. Murieron pacientes, familiares, trabajadores, enfermeras, médicos y estudiantes. Tuvieron que reconstruir el Centro Médico. Todo esto había ocurrido unos años antes de que fuéramos como estudiantes de medicina. Se veía bastante limpio y grande. Sabía que era un edificio nuevo, pero también sabía que estaba en una zona sísmica de alto riesgo. Nunca tomaba los elevadores, y siempre traía el teléfono celular conmigo.

El primer día, como todos los demás días del año, me costó mucho trabajo levantarme. Me vestí con ropa blanca, igual que en los dos últimos años; hasta con zapatos blancos y bata de doctor. Con orgullo, me puse mi estetoscopio rojo en el cuello. Como no quería ir sola al Centro Médico, quedé en hacer *ronda* con unos compañeros. Llegamos a las 7:00 a.m. al aula donde nos citaron. Estuvimos esperando una hora. Ese tiempo se nos hizo muy largo; todos estábamos muy emocionados, y ya queríamos empezar. Por fin llegó una doctora que desde el principio nos dio muy malos tratos. Lo primero que nos dijo fue que odiaban a los estudiantes de escuelas de medicina privadas. Dijo que muchos doctores de ese hospital ya no nos querían dar clases; pero que habían decidido que sí nos iban a aceptar porque nuestra universidad les pagaba bien. Un compañero le preguntó el porqué nos odiaban. Ella empezó diciendo que a muchos les molestaba que llegáramos en nuestros coches último modelo y que le pagáramos al policía de la entrada del estacionamiento para que nos dejara estacionar; mientras que había doctores que llevaban cinco años trabajando en el hospital y no tenían lugar en ese estacionamiento. Nos juró que si nos veían adentro del estacionamiento, nos iban a correr. Nos contó que un año antes dos niñas se pelearon a golpes con una señora, familiar de un paciente. El pleito era relacionado al teléfono público. El hospital se metió en problemas; porque la señora era abogada, y quería demandar al hospital. Para terminar, nos dijo que otra estudiante escribió una carta a *Derechos Humanos* acusándola a ella. Parecía que nosotros íbamos a pagar por lo que habían hecho otros estudiantes.

Después de las explicaciones anteriores, la doctora dividió al grupo en equipos de cuatro personas, para que cada equipo le tocara en una diferente especialidad. Cada mes cambiábamos de especialidad. No nos dejó escoger a nuestro equipo, así que íbamos a rotar durante un año con la gente que ella nos asignó.

La primera rotación me tocó en gastrocirugía. Nos dijo, la doctora, que buscáramos al doctor encargado de esa rotación. No lo encontramos en ningún lado. Después de una hora, decidimos mejor ir a desayunar. En la cafetería estaba más de la mitad de mi grupo. Aparentemente nadie había encontrado al titular de su rotación. Entre tanto doctor, me encontré a un amigo que conocí cinco años antes en el hospital que trabajaba de voluntaria. Me senté a desayunar con él, y me presentó a otros residentes. Uno de mis sueños se estaba realizando: Sentarme en una mesa con doctores vestidos igual que yo y sentirme parte del grupo.

Al día siguiente localizamos al doctor que estaría a cargo de nosotros. Estaba en el quirófano. La mayoría de los días le tocaba operar. Cuando no operaba, nos quedábamos con él los cuatro del equipo. Veíamos pacientes hospitalizados y dábamos consulta externa. Al quirófano, sólo metía a uno de nosotros. Los otros tres que no entraban tenían la opción de entrar con otro cirujano, revisar pacientes, o ir a desayunar. Los días que no entraba con el doctor a cirugía, me le *pegaba* a otro que operaba con mucha delicadeza y perfección. Con mucho honor para mí, me dejaba ser primer ayudante, aunque se enojaran los residentes de cirugía. Al final me dejaba cerrar, o sea, suturar. Hacer nudos era fácil para mí, llevaba diez años practicando. Estos dos doctores trabajaban en hospitales privados, pero en la mañana se dedicaban a la enseñanza, y a operar a pacientes del Seguro Social. Yo había oído que en el Seguro Social los médicos daban muy mal trato a los pacientes. Aparentemente me había tocado la excepción. Ellos me enseñaron cómo se debe tratar a un paciente, y cómo se debe tratar a un alumno. Los días que nos tocaba estar en *piso*, pasábamos visita a todos los pacientes. Era exactamente como en las películas y programas de TV. Íbamos de cama en cama atrás del médico de base, de los residentes y de los internos. Nos decían qué tenía cada paciente, oíamos lo que le preguntaba el médico al paciente, veíamos cómo lo revisaba, nos hacían preguntas médicas a nosotros, y al final nos dejaban preguntar. Era muy emocionante estar con los médicos aprendiendo. Era como yo me había imaginado que era. Lo que nunca me imaginé, era que un piso de hospital pudiera oler tan desagradable. Era la combinación de heces fecales, vómito y jugo gástrico. Eso sí, valoré lo que era poder comer bien, e ir al baño. Realmente uno aprecia lo increíble que es tener el intestino en su lugar y completo. Una gran parte de los pacientes tenía que defecar por la colostomía, en vez de hacerlo por el ano. Es decir, tenían que hacerlo a través de una abertura quirúrgica hecha en el abdomen para permitir salir el material fecal. Estas aberturas quirúrgicas eran a veces temporales para que una parte del intestino se desinflamara; otras veces eran permanentes, cuando la intervención quirúrgica había sido muy mutilante porque había cáncer en el colon o en el recto. Me parecía impresionante ver salir al intestino por el abdomen. Definitivamente había cosas más extravagantes. Vi a un paciente masculino que tenía sífilis en la colostomía, resultado de relaciones sexuales no ortodoxas.

Todos sabíamos que el tercer año era en buena medida de autoenseñanza. Uno tenía la libertad de escoger lo que quería aprender o hacer. Las primeras semanas me la pasé todo el tiempo junto a los doctores; después fui agarrando confianza, y empecé a visitar y a revisar a los pacientes.

Un día le pedí a un residente de cirugía que me enseñara a sacar electrocardiogramas. En la central de enfermería nos dijeron que estaba descompuesta la máquina. Como a mi no me iban a quitar la ilusión de tomar un electro, fuimos a otro piso. Ahí nos dijeron que la máquina estaba incompleta. En otro piso, nos dijeron que no estaban seguros si servía. Decidimos armar un electrocardiograma con los diferentes pedazos. Aparentemente nunca tomaban electrocardiogramas. Otro día oí que un paciente acababa de morir. Corriendo fui a verlo. Esperaba que llegaran muchos doctores a sacarlo de paro. No llegó nadie. El residente me dijo que normalmente no los sacaban de paro, porque ya estaban muy mal. Le pregunté qué hacían si el paciente tenía veinte años de edad. Me contestó que lo trataban de sacar de paro manualmente, porque no tenían desfribiladores; y que si acaso había uno, ni estaba cargado. Inclusive le pedí a una enfermera que me enseñara un ambú, y me dijo que no tenían.

Era difícil no deprimirse. La mayoría de los pacientes que había visto estaban un día en su cama, y al otro día veía yo sus intestinos y su corazón en la sesión de patología. Cuando hablaba con un paciente, ya sabía que dentro de poco iba a dejar de existir. Había aguantado un año viendo muertos en el anfiteatro, un año matando perros en cirugía; para poder llegar a ver pacientes. Nunca me imagine que sólo iba a verlos morir.

Lo que empecé a valorar más fue la salud y la vida.

Hoy, a la sombra de las estrellas he descubierto una razón más por la cual estudio medicina. Concluyo que necesito ver enfermedad, sufrimiento y muerte. Necesito un recordatorio que a la vuelta de la esquina está la muerte. Un recordatorio de que de un día al otro puedo acabar con una enfermedad, o de que un ser querido puede ser sorprendido por su destino.

Aquí he visto sangre, virus, peste, llanto, miedo, mierda, monstruos, lágrimas, hedor e inanición. Es lo único que sale del alma desalmada y putrefacta de estos pacientes.

Al ver todo esto, doy gracias a la vida de mi cantar. Disfruto lo que soy y lo que tengo. Diario recuerdo que todo tiene un final. Uso la energía positiva para aprender y construir. Hoy hay fervor.

Salud; fuerza vital que alimenta mi sangre con miel. Energía que llena el sentido de mi vida. Estoy llena de vida.

Me cuestionaba cómo era posible que todos los pacientes estuvieran tan mal. Me explicaron cómo servía el Seguro Social. Cuando una persona está enferma, va a su clínica. Si ahí la ven muy mal, la mandan a un hospital de zona; ya sea de la ciudad o de provincia. Si ahí ya no saben que hacer con ella, o la dan por desahuciada, o la mandan a este hospital; por ser de tercer nivel.

Todos los pacientes que llegaban, traían muchas cirugías previas, estaban muy enfermos, y habían tenido muchas iatrogenias. Un doctor me dijo: "Estamos tratando al *basurero* de los hospitales". También me contaron que muchos cirujanos cometen muchos errores que resultan en consecuencias iatrogénicas por querer publicar cosas fuera de lo común. Por ejemplo, que operaron el primer bazo por laparoscopia. Luego llega el paciente a este hospital, y se muere al siguiente día. Los otros doctores ni enterados, y lo publican como exitoso. Pues bien, ahora sí se me hacía lógico que muchos pacientes se estaban muriendo. Pero consuelo no me daba.

Fue verdad lo que me habían dicho, había varios médicos con actitud inhumana. Veían al paciente como inferior, ignorante, desdichado, y se sentían héroes y salvadores. Les decían a sus pacientes: "que bueno que te hice esto, porque si no te hubieras muerto." Si hacían algo mal, pensaban que era eso o nada. Trataban mal al paciente. No lo escuchaban. Y hacían las cosas al *ay se va,* sólo para acabar. Lo peor de todo es que se encubrían unos a otros; pensaban: *si hoy eres tú el del problema, mañana seré yo.*

Al principio creía que el problema era que había muchos pacientes y poco dinero. Pero realmente había muchas cosas que se podían evitar si los pacientes fueran menos ignorantes, y los doctores tuvieran un poco más de cuidado. Se supone que los médicos están ahí porque les gusta, porque quieren, y porque es su trabajo. En vez de darse cuenta de eso, piensan que están ahí porque no tienen una alternativa mejor. Ni les gusta, y se quejan todo el tiempo. Muchos doctores, con tal de no evidenciar su ignorancia, hacen cosas que empeoran la condición del paciente. Hacen comentarios inapropiados enfrente del paciente, y ni siquiera se dan cuenta. La regla es muy sencilla: "Tratar a los pacientes como te gustaría que te trataran a ti".

Como estaba muy deprimida en el hospital, decidí hacer una fiesta en mi casa. Vinieron como cien personas. Me empezó a gustar un compañero de mi clase. Al día siguiente me invitó a bailar, y nos acabamos besando. Estaba muy emocionada, pues se me hacía el niño más guapo de toda la Escuela de Medicina.

Las siguientes semanas seguí saliendo con él. Había mucha atracción física entre los dos. Nos la pasábamos muy bien cuando íbamos a bailar. El resto del tiempo sentía que no teníamos mucha comunicación. Ya en ese tiempo, no quería empezar ninguna relación estable con alguien sin estar segura con la cabeza y con el corazón. Sabía que luego era muy difícil decir adiós.

Una de las cosas que he aprendido es que casi todo es reciproco en esta vida. El único día que pude tener una comunicación real con él, fue cuando le dije que me daba miedo entrar a esa relación, y que no sabía lo que él esperaba. A mi sorpresa él también no estaba seguro, puesto que a él le resultaba muy amenazante que estaba en su mismo salón. Ninguno de los dos quería iniciar una relación formal, así que seguimos con un *free* por algún tiempo. ¡Que bien nos la pasamos!

B. NEONATOLOGÍA

Un salón enorme. Se siente calor. Oigo música en una esquina. A lo lejos hay muchos doctores alrededor de una cuna. Me acerco. Veo que están tratando de salvar a un bebé de apenas unos días de vida. Toda esa fuerza humana no puede luchar contra la muerte. Pasan unos segundos, y el padre llora. Se acerca a despedirse para siempre de esa enorme alma que vino sólo a visitar. Yo me quedo observando como se detiene el tiempo, como el bebé se muere. Es mi primer contacto con la transformación inmediata de vida a muerte. Poco a poco su piel se pone morada. Poco a poco su alma desaparece. Sólo queda una concha. Adiós, adiós. Ya no eres. Ya no existes...

Pienso que me pudo haber pasado lo mismo a mí. Tuve tres paros respiratorios al nacer, y viví. También estuve dos semanas en incubadora. Adiós niño alegre que sólo vino a recordarnos la relatividad. Adiós niño que no pudo ni siquiera tener nombre. Despierto de mis pensamientos al oír un lloriqueo de otro bebé. Sonrío, está vivo. Pongo mi mano sobre su frente, y el bebé calla. Que bello, pero que triste que todos estén enfermos. Muchos sólo podrán vivir unos días, pero sonrío. Me acuerdo de lo que sentí cuando vi por primera vez en patología los intestinos y el corazón de un paciente. El señor se preocupaba por perder su trabajo por estar enfermo. Ya no vio a sus hijos crecer, ni nietos, ni pudo seguir con su trabajo. Este bebé no tuvo ni la oportunidad.

Después de todo, creo que es algo muy bello desvanecer. Tan bello como nacer.

Hielo ensangrentado que se diluye en el cielo.
Evaporación circunstancial de mi alma.
Sólo un adiós a este pueblo,
ya que me he muerto para siempre como tú.
Ataúdes infinitos se desbordan hacia el mar.
Lo único que queda al oeste del horizonte es un cantar.

Después de unos minutos sentí la maternidad. Me dieron muchas ganas de tener un bebé, y darle todo de mí. Todo mi amor, mi conocimiento, mi amor a la vida, mi felicidad, mi todo. Enseñarle el mundo entero, enseñarle a vivir, a soñar, a volar. Darle las herramientas para poder ser feliz, y que logre todo lo que quiera. Que fascinante poder mezclar la esencia de la persona que amo con mi esencia. Una conexión más grande que intelectual y emocional. Una conexión de sangre que crea un alma nueva. Qué sublime ha de ser amar a alguien y decir: diluí mi sangre con la de él y dejé amanecer…

C. TRASPLANTES

Esta rotación fue la más importante de ese año. El coordinador de nosotros era el jefe de ese departamento. Se supone que en cada servicio nos iban a dar una calificación que se promediaría con todas. Al final, este doctor sólo contó la calificación de transplantes, porque no confiaba que los demás calificaran bien. A todos nos enojó un poco esta situación. Básicamente estaba calificando el esfuerzo de un mes, y no el de un año.

Él era muy especial y cínico. Al principio no lo soportaba, pero poco a poco me empezó a caer bien. Después de todo, era simpático. Por ejemplo, cuando hablábamos con un paciente y teníamos los brazos cruzados, nos decía: "¿Acaso tienes *golondrinos* en las axilas?" Su método de enseñanza era con base a repetir y memorizar. Cuando íbamos a ver a un paciente nos hacia revisarlo e ir repitiendo las fórmulas que él nos había dictado en la clase anterior. Nos dio dictados para toda la exploración del paciente. Por ejemplo, nos hacía decir: "Se trata de un paciente, fenotipo masculino, alerta, de edad aparente entre 25 y 30 años, en posición de decúbito, actitud libremente escogida, complexión normo línea, conformación sin datos característicos, sin facies características, marcha en zigzag, sin movimientos característicos, orientado en tiempo, espacio y persona, y coopera con el estudio". Si acaso nos equivocábamos en una palabra, nos hacía empezar desde el principio. Cuando acabábamos de recitar, le tocaba al siguiente compañero repetirlo. Lo único que le importaba al doctor es que aprendiéramos a revisar bien al paciente, y que aprendiéramos a tomar bien el estetoscopio; con el dedo índice y anular a los lados y el medio arriba de la campana.

Era una pena que el paciente tuviera que oír los malos tratos del doctor hacia nosotros. El paciente nos oía repetir las mismas cosas miles de veces y, sobre todo, cinco personas le hacían la misma exploración más de quince veces.

Esos pacientes estaban ahí para recibir transplantes de riñón. Aunque no lo necesitara el paciente, nosotros le teníamos que hacer exploración del sistema digestivo, respiratorio, cardiovascular, musculoesquelético, de la piel, de los órganos de los sentidos y hasta del sistema genitourinario. Al principio yo pensaba que era una invasión para estos pacientes; pero ellos estaban fascinados que por primera vez alguien los estuviera revisando completamente. Si algún paciente no se dejaba o se quejaba, el doctor los regañaba de la misma forma que nos regañaba a nosotros.

En esa época sentía que el doctor nos trataba como a niños de *kínder,* que nos maltrataba, y nos saturaba; pero ahora puedo decir que lo que él nos enseñó es lo que más me sirvió en toda mi carrera, en el examen profesional y hoy en día. La mayoría de los datos se olvidan, pero cuando uno aprende a revisar bien a un paciente, nunca se le olvida. No hay muchos doctores que tienen la paciencia de no dejar en paz a un alumno hasta que logra aprender bien cómo se revisa cada parte del cuerpo.

De una manera paralela, nos familiarizamos con el procedimiento necesario para realizar un trasplante. Si acaso nos *portábamos bien,* nos dejaban entrar a quirófano a ver el procedimiento. Los riñones que usaban eran de familiares o de donación cadavérica. Había un médico a quien le llamaban "El Cuervo", su función era buscar pacientes que estuvieran a punto de morir, y convencer a sus familiares de que donaran los órganos.

En esta rotación vi a mi primer adulto morir. Estábamos tres estudiantes con el doctor revisando al paciente de junto. De repente, empezó a sonar una alarma. Llegó corriendo un doctor más y dos enfermeras. Nosotros nos quedamos en una esquina sin movernos, evitando a todo momento estorbar. Los médicos ágilmente inyectaban, entubaban, y desfibrilaban. Todos estábamos callados, estábamos luchando contra la muerte. Después de unos minutos, el doctor aventó todo, y se fue. Se quedó un doctor que nosotros ni conocíamos. Se volteó y nos vio. Lo único que nos dijo fue: "No se queden ahí parados, pónganse a practicar sacar sangre antes de que se coagule, también quiero que practiquen el entubar". El alma del paciente se fue, y el cuerpo se convirtió en cosa para el doctor. Había un letrero en el aire que decía: "Se prohíbe sentir." En cuanto se distrajo el doctor, yo me salí del cuarto. Realmente en ese momento no me interesaba practicar. Al salir me enteré de que no había servido la resucitación porque ese doctor metió el respirador al esófago en vez de a la traquea.

D. EMERGENCIAS

Mis compañeros que ya habían rotado por ahí nos dijeron que el jefe de la unidad odiaba mucho a los estudiantes de nuestra universidad, que ni nos quería ver. Lo único que teníamos que hacer era ir con él al final de la rotación, y nos iba a poner diez. A nosotros se nos hacía muy cínico no presentarnos a la rotación, así que las primeras semanas fuimos. La mayoría del tiempo, nadie nos hacía caso. Nos hacían sentir que estorbábamos, así que mejor nos poníamos a estudiar otras materias. A la mitad del día, todos los médicos se metían dos horas a un cuarto. Nosotros aprovechábamos para ver a los pacientes. Un día, un doctor se dio cuenta que durante esas horas nosotros revisábamos a los pacientes, y revisábamos sus notas. A partir de ese día, cuando salían de su reunión, algunos doctores se dedicaban a preguntarnos cosas. Era muy frustrante, porque pocas veces sabíamos la contestación. Nos hacían sentir que no sabíamos nada. En las otras especialidades los doctores nos invitaban a sus reuniones médicas, ahí aprendíamos mucho. Se nos hacía muy raro que no nos dejaban entrar con ellos, por lo que pusimos el estetoscopio del otro lado de la pared de la sala de médicos, y nos dimos cuenta que estaban tomando clases de inglés. Cuando llegaba alguien accidentado, todos salían corriendo. Nosotros sólo veíamos un gran remolino, y casi no entendíamos nada. Era muy frustrante sólo enterarnos que los pacientes se morían.

Ya estaba cansada de tanto estudiar, de tanto memorizar, y de los malos tratos. Sabía que había cosas mejores que hacer en la vida que sólo sufrir y ver personas morir. Todo mi salón estaba deprimido, enojado, cansado y decepcionado. Un amigo y yo preguntamos a todos si volverían a estudiar medicina, sabiendo lo que realmente es. No encontramos a ninguno que contestara que sí. Cuando me quejaba con mis hermanos, con mi padre o con mi *shrink*, me decían que todos habían pasado por lo mismo. Lo había comprobado, a todos se les olvidaba lo malo, y sólo se acordaban de la idea romántica de estar aprendiendo.

E. CHIAPAS

Llegó el momento en el cual yo ya no aguantaba más. Estaba saturada con exámenes y presentaciones. Me agobiaba el aire que se respiraba en mi salón. No estaba contenta en ese hospital. Gracias a que el profesor de patología nos dio puente, me fui con mis padres a Chiapas a un congreso de psiquiatría. Tuve tiempo de relajarme, y descansar. Me la pase increíble, porque me hice amiga de los residentes de psiquiatría. Aparte de estar en el congreso, nos la pasamos de turistas y en las discotecas.

Chiapas es un estado que está al sur de México. Es increíble la variedad de cosas que tiene: ciudades coloniales, zonas arqueológicas con ruinas mayas de hace 3 000 años, montañas, valles fértiles, selva, volcanes, cascadas, planicies, sembradíos y ríos. Está poblado por indígenas y extranjeros. Se junta lo colonial y lo precolonial. Puedo tratar de describir a su gente hablando de su comida: es artesanal; aunque es mexicana, no es mexicana; es única, con mucha variedad, riqueza de ingredientes, mucho sazón, con su propia personalidad, una rareza especial. Degusté comidas que ni sabía que existían como frijol con chile piquín, tamales de iguana y de chipilín, armadillo guisado y tortuga en mole. Las bebidas también eran únicas y variadas: agua de chicha, pozol negro y blanco, atol agrio y pinole.

Visitamos el Cañón del Sumidero, creado por una falla tectónica impresionante. Bajo los acantilados, pasa un río; nosotros lo navegamos en lancha. Hacia arriba, se ve en ambos lados del cañón una especie de montaña que tiene paredes verticales de más de 1 800 metros de altura. Visitamos algunas cuevas y cascadas. Vimos murciélagos y cocodrilos. Disfruté enormemente las vistas y los lugares; pero el punto alto del viaje fue visitar la iglesia de San Juan Bautista, en San Juan Chamula. Es un pueblo muy interesante, porque la gente ahí conserva sus tradiciones sociales, políticas y religiosas. La entrada a la iglesia es una experiencia única. El interior esta oscuro, sólo está iluminado por un mar de velas que están en el suelo a lado de ramas de pino. Las paredes estaban llenas de santos con listones de diferentes colores. Todos los santos tenían un espejo. Nuestro guía dijo que era el ojo sagrado que veía con claridad, y que al mismo tiempo podíamos ver nuestra propia alma. Lo interesante era que los ritos paganos de los mayas estaban mezclados con la religión católica, apartándose completamente de las tradiciones cristianas. Esto creaba un ambiente único, totalmente mágico. En una esquina había tres músicos vestidos con colores fuertes, tocaban la guitarra y el acordeón. Por todos lados había indígenas sentados o hincados. Algunos estaban rezando, otros comiendo, bebiendo, o hablando. Nuestro guía nos explicó que tomaban alcohol de caña para poder entrar a un nivel espiritual más profundo, y que otros tomaban coca cola para poder eructar y sacar el mal. Algunos estaban dormidos, habían tomado mucho alcohol. Cerca del altar estaba una india haciendo un ritual. Primero ahorcó a un guajolote, y le sacó la sangre. Tomó un huevo de gallina, y lo paso por el cuerpo de un niño. Cuando acabó el ritual, le pregunté qué tenía el niño. Me dijo que había perdido el alma. Dijo que como se le había metido el mal, empezó a caminar de noche, se tropezó, y se le salió el alma. Por todos lados había letreros de prohibido tomar fotos. Ya había oído que a las personas que se les ocurriera tomar fotos, les quitaban la cámara. No querían que les robáramos el alma. A la salida de la iglesia había muchas indias y niños vendiendo manteles, mantas, chalecos, muñecas y cinturones. La artesanía era una preciosidad.

En ese viaje tuve una de las pláticas más importantes en mi vida. Fue con un psicólogo. Nos fuimos a un bar, y estuvimos hablando desde las 10:00 p.m. hasta las 6:00 a.m. Generalmente no acostumbro tratar a la gente como terapeuta, pero él era tan sensible y tenía tanta empatía, que yo me solté a hablar. Como él no había estudiado medicina, pudo oír todas mis quejas sin pensar que le estaba exagerando. Me ayudó a comprender la razón más profunda por qué estudié medicina, a desenmarañar toda mi carga familiar y a valorar realmente lo que quiero de la vida. En fin, me llenó de energía positiva, y puso luz en mi laberinto.

He descubierto que conforme pasan los años voy descubriendo diferentes razones por las que estudié medicina. Ahora pienso que es una forma de controlar y sentirme segura, una forma de no sentirme impotente cuando alguien de mi familia o yo estamos enfermos.

En mi familia le han dado mucha importancia a la salud. El libro de mi abuelo sólo habla de las enfermedades que sufrió durante toda su vida. Mi otro abuelo quiso estudiar medicina, pero se salió en segundo año. Mi tatarabuelo era médico de cabecera de Maximiliano. Mi madre siempre quiso estudiar medicina, pero sus padres no la dejaron.

Ahora estoy cansada, pero sé que no hay otra carrera que me hubiera gustado más. Me divierto en el hospital con mis amigos. Me encanta aprender, y siento que soy estimulada intelectualmente. Si no hubiera estudiado medicina, me hubiera lamentado toda la vida. Pero la medicina no es todo lo que necesito en la vida.

F. DERMATOLOGÍA

Una vez a la semana teníamos la clase de dermatología en la universidad. Las clases eran aburridas, sólo veíamos diapositivas de gente con la piel deshecha.

También rotamos unas semanas en el Departamento de Dermatología del hospital. Todos los pacientes que vimos tenían dermatitis por contacto. O sea, eran alérgicos a alguna sustancia que usaban. Como teníamos que averiguar a qué sustancia eran alérgicos, les hacíamos pruebas cutáneas. También nos la pasamos viendo manchas en la piel. Teníamos que distinguir si eran pápulas, máculas, ronchas o pústulas. Era difícil, todas las veíamos igual. Lo que más me gustaba de esa rotación, es que los pacientes no se morían.

La piel es maravillosa. Es el órgano más grande del cuerpo. Es nuestro contacto con el mundo, con el aire y con las personas. Expresa los sentimientos, y los problemas internos. Pero nunca podría estudiar derma, a mí me gusta la piel sana.

G. GUANAJUATO

Se acercaba otro puente largo, así que pensé qué lugar de México podía visitar. En ese mes era el Festival Cervantino en la ciudad de Guanajuato. Este festival es anual y se realiza desde los años setenta. En él, participan artistas de todo el mundo. Está abierto a todos los géneros artísticos: teatro, ópera, música, danza y artes plásticas. Prácticamente toda la ciudad se convierte en escenario. La mayoría de los eventos y exhibiciones son al aire libre, en sus diferentes plazas. Yo con mucha sed de viajar por México, me puse a reclutar gente para ir. Una amiga que tenía una casa en Guanajuato, ofreció que nos quedáramos ahí. Yo ofrecí llevar coche. En mi *jetta* negro (*Lucas*), acabé metiendo a seis amigas. Íbamos muy apretadas, pero muy felices.

Mi madre nos cocinó unas tortillas y unas croquetas. Mi padre nos donó dos botellas de vino, y me prestó su bota de vino. Me llevé una docena de CDs, y me puse mi boina en la cabeza. Estaba lista para viajar.

Estacionamos el coche en las afueras de Guanajuato. Con tanta gente, toda la ciudad se había vuelto peatonal. La ciudad parece un laberinto empedrado, creado por pasadizos y callejones. Sus calles son tortuosas, suben y bajan. Algunas se convierten en subterráneas, pasando por túneles; mientras que otras son empinadas. La calle principal era un río subterráneo; éste atraviesa la ciudad, pasando por arcos y bóvedas. Sus edificios coloniales están apelmazados unos con los otros, la mayoría con balcones. Las casitas con muchos colores se serpentean en los túneles. Es una ciudad íntima que encanta.

Fue difícil llegar a la casa de mi amiga, las calles eran ríos de jóvenes. Uno fluía, a través del laberinto, sin saber a donde iba. Todos cantaban, recitaban y tomaban vino.

Después de varias vueltas, llegamos a la casa. Unas llegaron antes que otras. Después de cenar las delicias que llevábamos, nos salimos otra vez al *río* de gente. Visitamos varios bares. Cada vez yo entraba en más euforia. Conocí a varios chicos, y me estacioné con el más guapo. Para mi sorpresa, era estudiante de medicina en Ciudad Juárez. Nos quedamos bailando varias horas, y luego decidimos buscar las tradicionales callejoneadas. En ellas, se recorren los callejones de la ciudad acompañados de una estudiantina, mientras uno bebe vino dulce en porrones. Parecía que toda la ciudad estaba llena de diferentes recorridos. Sin darnos cuenta, seguimos a cinco diferentes. Los dos sabíamos que todos los recorridos culminaban con el "Callejón del beso". No pudimos resistir el romanticismo de los estrechos callejones, y el cantar poético a la luz de la luna. Regresé a la casa de mi amiga antes del amanecer, con tres *hikis* en mi cuello. Era imposible taparlos con mi cabello. Al día siguiente mis amigas me acompañaron al mercado a comprar un paliacate para usarlo como collarín. Después visitamos varias exposiciones. En la tarde nuevamente paseamos por las calles, y nos topamos con el *río* de gente. En cuestión de minutos, había perdido a todas mis amigas. De repente se escuchó una música preciosa, la empecé a seguir.

Venía de la explanada. Aunque era al aire libre, no podía acercarme más; porque era necesario tener boleto para entrar. En una esquina vi que había una pequeña cola, me acerqué. Le pregunté a una persona que cómo le podía hacer para entrar. Dijo que él era reportero, y que tenía un pase especial. Unos segundos antes de entrar, me agarró la mano, y me metió con él. Yo no había entendido que había pasado, pero cuando me di cuenta estaba en la primera fila. El reportero me sonrió, me deseó mucha suerte y desapareció. Yo nunca había oído ese grupo, pero la multitud cantaba al mismo tiempo. La música era tan bella y nostálgica, que me producía escalofrío. La cantante tenía una voz prodigiosamente aguda, y su sensibilidad al cantar la hacía doblemente penetrante. La voz era tan cristalina y la música tan transparente, que parecía música religiosa; pero llena de pasión. Como la letra estaba en portugués, sólo podía percibir las emociones. La guitarra me llevó a un estado de ensueño. Realmente sentía que era un sueño, y tenía la característica de un sueño; no lo estaba compartiendo con nadie, sólo conmigo. Cuando me di cuenta habían pasado dos horas, bajo el cielo estrellado. Había dejado plantado a mi amigo de la velada de la noche anterior. Había valido mucho la pena, sólo por oír a Madredeus.

H. PATOLOGÍA

Cualquier estudiante que haya pasado por la universidad donde estudié debió haber oído de la leyenda de terror sobre patología.

El primer día de clases, nos moríamos de miedo. Todos estábamos sentados totalmente callados, con las palmas de las manos sudando. Mis hermanos me habían dicho que lo único importante era poner cara de inteligente. Mis lentes ayudaban. Me senté en primera fila. Esperaba la gran entrada de un monstruo de seis cabezas. De repente, entró un viejito de pelo completamente blanco; amistoso, respetable, con cara de inteligente. Se sentó, sonrió y nos saludó. Todos estábamos atónitos. No podíamos creer que alguien así podía ser el autor principal de todas las tragedias que habíamos oído: accidentes en coches, úlceras, taquicardias y quiebres psicológicos. Nos dijo que después de pasar patología, era pan comido lo que restaba de la carrera. Lo único que teníamos que hacer para pasar era nunca faltar, y estudiar.

Pasaron los días. Todos se *mataban* estudiando *pato* y descuidaban otras materias. Al principio de la clase, él preguntaba y preguntaba. Pobre de aquel que no contestara bien. Le preguntaba aún más la siguiente clase y la siguiente, y la siguiente. Cuando alguien no contestaba o faltaba a clase, le ponía un simbolito en la lista de asistencia. No le importaba que el alumno tuviera hepatitis, o que lo estuvieran operando de apendicitis; los ponía en la lista negra. Esta gente marcada empezaba a preocuparse. El simbolito era el pase automático a examen oral. El examen oral era una pesadilla; se sentaban los tres profesores enfrente del alumno a preguntar. El profesor abría un libro de 1 533 páginas, y preguntaba de donde cayera el dedo. Así que uno prácticamente tenía que memorizarse todo.

Después de un mes, llegó mi turno en clase. El doctor me enseñó una transparencia, y me preguntó qué era. Mis manos sudaban, todo se volvía nublado. De repente, se abrió el cielo, de la nada salió mi profesor de histología de primer año. Pude recordar lo que era. Con voz firme y segura, contesté: "una glándula..." A lo lejos, oí la voz del doctor: "Muy bien". Mis compañeros se quedaron sorprendidos, pero no más que yo. El doctor sonrío, y ya nunca me volvió a preguntar. Pasaron los días, yo esperaba a que me preguntara otra vez. Cada día estudiaba menos. Inclusive varios capítulos ni abrí el libro. El último día de clases el doctor se sentó con una lista. Dijo que iba a dar los nombres de los que se iban a examen final. Era un examen escrito y uno oral. Podían preguntar de todo lo que habíamos visto en el año. Primero dio los nombres de la gente que tenía faltas de asistencia. Luego dijo que iba a nombrar algunos otros estudiantes para así tener exámenes para comparar. Mi corazón se paró, y luego empezó a latir a 200 latidos por minuto. Nunca pensé que mi carrera estuviera en riesgo. Sabía que si me tocaba hacer ese examen, no lo iba a aprobar. Mis manos sudosas esperaron la lotería. Nunca escuché mi nombre. Sólo me quedaba esperar a que el día de mi examen profesional fuera el juicio final.

11

Hay momentos que cambian para siempre la vida de uno. Para mí, ese momento fue el 1 de enero a las 3:00 a.m., ese día cuando tenía 21 años. Conocí al hombre con el que quería pasar el resto de mi vida. Encontré la razón de mi existencia, y me enamoré eternamente.

El 31 de diciembre yo estaba triste, y me sentía sola. Invité a unos amigos a mi casa a celebrar el Año Nuevo, como tenían que cenar con sus familias, quedaron de llegar después de media noche. Celebré el principio de año con mi familia, como cada año cenamos pierna de carnero, pavo, purés, pasteles, turrones, vino y champaña. A las 00.00 horas tomamos las doce uvas. Yo pedí el mismo deseo en cada uva: "amar a una persona para toda la vida, y que esa persona me amara con la misma intensidad...", ese año terminé el deseo añadiendo una parte esencial "y que esto suceda 'este' año".

Después de cenar, llegaron mis amigos. Ellos traían a otros amigos. Abrí la puerta, y lo primero que vi fue a alguien que me dijo: "Hola, me llamo Albrecht". Los dos pusimos una sonrisa muy grande, y nos dimos un abrazo muy fuerte, para desearnos un feliz año. Nunca había conocido a alguien que se me hiciera tan familiar de primera instancia. Deje pasar a todos a mi casa. En ese segundo sucedió algo muy extraño. Me senté a conversar con él, y todo desapareció: el tiempo, la gente, la tristeza y la soledad.

Albrecht me dijo que acababa de leer un libro en el que hacían un experimento con un grupo de personas que no se conocían. Les decían que buscaran una pareja, sin hablar; sólo con ver. Cuando todos ya estaban con parejas, les pedían que buscaran a otra pareja, sin hablar. Cuando ya estaban cuatro personas juntas, se sentaban a hablar y a buscar las cosas que tenían en común. Resultaba que los que se juntaban tenían muchas cosas en común. Por ejemplo, los hijos de divorciados se juntaban, los hijos de viudos se juntaban, los divorciados se juntaban, etc. Me dijo que quería averiguar qué teníamos en común nosotros, pues nos habíamos atraído como imán.

Cuando se fueron, a las 6:00 a.m., me sentía tan emocionada, que me costó trabajo dormir. Todo el 1 de enero me la pasé pensando en él. A las 6:00 p.m. sonó el teléfono; Albrecht me invitó a cenar con él. Yo le pregunté si ese día o el próximo. Me contestó: Hoy, mañana, y el día después de mañana.

Esa noche todo salió perfectamente. Entre más hablábamos, más nos dábamos cuenta de que teníamos miles de cosas en común. Me gustaba que estuviera en contacto con su inconsciente, que fuera tan inteligente y tan sensible. Teníamos el mismo tipo de familia, los mismos valores, las mismas creencias, la misma educación, el mismo sentido del humor, y nos sentíamos totalmente llenos y felices juntos. Lo único terrible era que en una semana se iba a regresar a Holanda. Él estudiaba allá; solamente había venido a visitar a sus papás. Había vivido en México con sus papás cuando tenía nueve meses de edad, y a los dieciocho años se fue a estudiar a Holanda.

Como los dos sabíamos que se tenía que regresar a Holanda, disfrutamos juntos cada segundo de esa semana. No sabíamos si sólo iba a ser un romance de vacaciones; ni siquiera sabíamos si nos íbamos a volver a ver. Sólo disfrutábamos estar juntos. El día anterior a su partida, fuimos a tomar un café a la cafetería El Péndulo. En el momento perfecto, le di la mitad de la moneda que había conseguido en Grecia. No le dije, en ese instante, que me habían dicho que le diera esa moneda a la persona con la que yo quisiera pasar el resto de mi vida; y que el círculo iba a sostener el amor mutuo por la eternidad.

Él se fue a Holanda y yo me quedé en México. Había una sola invención que permitió seguir la relación: el internet. Si esto nos hubiera pasado dos años antes, nunca hubiéramos tenido esa opción. Cuando Albrecht llegó del aeropuerto a su casa, encontró la primera carta en su computadora. Por muchos días y meses nos escribimos dos cartas diarias, una antes de dormir y una al despertar. Muchas de esas cartas eran parecidas, ya que eran cartas de amor. También charlábamos dos horas diarias por *chat* en la computadora. Hablamos de todos los temas imaginables e inimaginables. Estas charlas nos ayudaron a conocernos, y así nos dimos cuenta de lo compatibles que éramos.

Tú me enseñas a soñar
en estrellas y demás.
Me introduces a este
nuevo mundo sin final,
donde las palabras
se convierten en sentimientos
envueltos en recuerdos.

Tú me enseñas a soñar
en estrellas y demás,
a ver la vida con el resplandor
de ese sueño con ilusión
por fin llego al infinito en un contar.

Ya no era la pluma la que me escuchaba, era él. Por primera vez en la vida había encontrado la belleza de la reciprocidad. Por primera vez me sentía completamente llena, con ternura, con amor, con pasión, con vida.

Las primeras dos semanas que empezamos a escribir, nos familiarizamos con la tecnología. Instalamos todos los *chats*. También estuvimos experimentando a qué hora nos quedaba mejor comunicarnos a los dos. Podíamos hablar por el micrófono, usar la cámara, jugar juegos de mesa, escribir y mandar fotos. Aparte de usar la computadora, usábamos el teléfono, y nos mandábamos constantemente mensajes a nuestro radio portátil. Como no podíamos vivir en la incertidumbre de cuándo iba hacer la siguiente vez que nos veríamos, dos semanas después de separarnos, acordamos vernos a la mitad del camino; en Nueva York. Como teníamos vacaciones hasta Semana Santa, debíamos esperar dos meses antes de podernos ver. Esos dos meses nos concentramos en conocernos a fondo. Nos mandamos cartas en las que nos contamos nuestro pasado y tratamos de describir cómo veíamos la vida. Abiertamente nos dijimos lo que esperábamos de la relación. Todo lo hablamos, hasta nuestras dudas, miedos e inseguridades. Eso hizo que cada día nos enamoráramos más.

Pienso que sería aburrido y repetitivo, leer todas las cartas que nos escribimos, pues son 2 760 cartas; y la mayoría son cartas de amor.

Hace mucho que no escribo poesía. ¿Por qué no intentamos? Yo escribo algo, y tú me contestas.

Junto a ti puedo respirar color azul,
cielo de fuego, rosa de mar.

Al estar contigo desaparezco.
Nos convertimos en música.
Nos evaporamos, nos licuamos.

Mi sangre te quiere, mis huesos te aclaman;
mi piel se mezcla con la tuya hasta el final.

Polvo seremos, polen volando;
aire que atrapa nuestro suspiro
hasta llegar al mar.

Así, una vez más vuelvo a cantar.
S***

Alone, no More
Under the smile of a lazy moon,
our souls found common ground.
Phoebus taught me through the years,
to recognize her soul once found.

No time for smugness.
No time for complacency.
Now the quest has ended.
Now the adventure starts.

Curiosity in our variance.
Comfort in our likeness.
Once apart, now always together.
Our two hearts beat as one.
Our two souls intertwined.
A***

Has alimentado mi corazón con estrellas.
Me has atrapado en un mundo sin promesas.
Un lugar sin final.
Donde las estrellas son más que un vitral,
las ilusiones son verdaderas,
y el amor la realidad.
S***

My dearest friend,
my love, my life,
my Princess Red:
Our soul tells me,
the best it yet to come.
A***

El amor no es la locura,
y la locura no es el amor.
Pero yo soy los dos a tu lado,
y tú eres así para mí.
S***

What I thought I'd never feel again
the quickened heartbeat
the fluttering soul
is part of me again
betwixt madness and sanity.
We walk a thin exhilarating line.
A***

What you mean to me:
A purpose in life.
A chance at real communication.
Speaking only through the heart
And understanding exactly what is meant.

Knowing and not only feeling.
The endless possibilities
An open-ended future;
the future in your eyes.

The stars within reach.
The stars sparkling in your eyes.
Me reflected in your beautiful brown eyes.

And you in my blue eyes
Knowing infinity
Our eyes the window to our soul...

The tide inexorably pulling me home
My home that is you.
Your music always in my ears,
Your surf crashing on my beach,
Your sun reflected in my moon,
Your laughter resonant in my mind,
Your smile shining in my dreams,
Your mind lighting up my life,
Your world joined with mine,
Carving out a new path together
As we accept each other without reservation.
A***

Cera caliente que se va desvaneciendo en mi cuerpo,
al contorno de la luna.
Mi sangre sustituye al reloj de arena.
Tu sudor alimenta mi vela.
Y juntos volamos hacia el mar.
S***

Your blood flows through my veins,
Your breath fills my chest,
Your thoughts set my synapses aflame.

Flying towards the sea in the light of the moon,
Our bodies' sweat glistens in the reflected sunlight,
The stars are bright in the surf
As it beckons us into the sea of love.

Our candle will always burn brightly
Even though it's lit at both ends:
Our candle's length is infinite.
A***

Albrecht, quería escribirte para decirte que desde que te conocí mi vida cambió.
Ni la poesía ni las letras juntándose para formar palabras tienen la capacidad de
transmitir las emociones y los sentimientos que tengo hacia ti. Eres la mezcla
más sublime que alguna vez me pude haber encontrado. No tengo ni un solo hue-
co, ya que los llenas con todos tus detalles. Gracias a eso vamos a poder sobrevi-

vir el tiempo en el cuál sólo la comunicación pueda ser a través de las palabras. Yo pensaba que estando separados sólo íbamos a poder disfrutar lo que vivimos juntos, y lo que viviremos juntos; pero lo mejor es que disfruto enormemente mi presente. Hablar contigo es la mejor parte del día. Contigo nunca hay final.

Es verdad que el tiempo llega a desaparecer en un instante donde el futuro desemboca en el hoy. Ya no hace falta esperar, sólo disfrutar. Lo incoherente e irracional de mi corazón cobra sentido al incorporarse en ti. Sonrío, pues nuevamente puedo escribir como lo hacía cuando tenía dolor, ahora sólo es el amor.

S***

Sandra, estoy aquí alucinando tu presencia, amándote con todos los huesos, respirando tu calor. No tengo ganas de escribir una carta. Me gustaría más estar contigo en una noche lluviosa, escuchando tu mirada, llenándome con sudor; mientras nuestra sangre diluida hace el amor.

Las memorias llenan mis venas, tu voz alimenta mi vela, y tus palabras calman mi espera. Así decido irme a dormir para estar a tu lado. Te amaré por el resto de la eternidad.

A***

Albrecht, cuando la luna sale encima de nosotros, es cuando puedo dormir en paz. Así logro ver la luz, y encontrar tu alma. Te puedo sentir en la atmósfera. Y así logramos sólo vivir en el instante.

Pero ahora, sólo me quedo despierta disfrutando todas las cosas que amo de ti. Mi pulso empieza a correr con el péndulo, los grandes osciladores que corren en línea junto al río. De esa manera pueden cruzar nuestros cerebros, nuestras venas, y nuestras conexiones. Primero empiezan con la red, y luego no hay final...

Me sumerjo en nuestro sudor, que llena un espacio de amor. Amanezco en tus brazos, una vez más, al sentir tu piel con la mía hasta el final. Una noche, nuestra noche, la cual nuestras almas mezcladas forman la luz de la luna. Al mezclarse no logramos distinguir ningún principio, ningún final; sólo el momento, un instante, una eternidad: la voz de la vida, la voz de la noche nos une una vez más. Yo también te amo para el resto de la eternidad.

S***

Nunca me voy a cansar de amarte; porque te amo. Cuando no estés junto a mí, te voy a extrañar; porque te extraño. En el amor todo es ilógico, eso es lógico. El amor no es la locura.... ¿Sabías que sí puede crecer amor en la luna? Se necesita mucho fuego y mucho cielo. Se necesita una rosa y un mar. Sólo se necesita estar los dos juntos... Hay veces que faltan palabras para decirte cuanto te amo, a veces sólo sobran.

Mucho amor A***

Estuvimos diez días en Nueva York. Todo fue como un sueño. Fuimos a restaurantes, al teatro, a oír tocar saxofón a Woody Allen, a bailar, de compras, y al cine. Tomamos un helicóptero para ver todo Manhatan desde el aire, y hasta rentamos una limosina.

Uno de los momentos más importantes y románticos fue durante nuestro *picknick* en Central Park. Acabamos abajo de un puente, porque empezó a llover. Habíamos comprado en un *delicatessen,* paté, queso, vino, pan y helado. Empezamos a hablar de cómo nos sentíamos. Los dos estábamos totalmente felices juntos. Yo le dije a Albrecht que si veía muy difícil la posibilidad de venir a México, que yo dejaba la carrera de medicina, y que me iba a estudiar a Holanda. Él me dijo que no, que él venía a México, y que quería que yo acabara la carrera. Tomamos la decisión de pasar la vida juntos. Estábamos felices de estar juntos, y nos daba mucha tristeza pensar cuándo iba a ser la próxima vez que nos viéramos. El último día le dije que pensaba ir a Holanda a pasar todas mis vacaciones de verano.

El viaje a Holanda fue decisivo en nuestra relación. Empezamos a hablar de planes para casarnos. Como habíamos dicho que todas las decisiones las tomaríamos juntos, acordamos que entre los dos íbamos a ir a comprar los anillos. En México se usa que el novio le da un anillo de brillantes a la novia, y le pregunta que si se quiere casar. En Holanda se usa que el novio le dé un anillo a la novia, y que la novia le dé un anillo al novio. Estos anillos son de oro, y se deben colocar en la mano izquierda. Se deben cambiar a la mano derecha el día de la boda. Nosotros decidimos hacer la combinación de estas dos tradiciones. En la primera tienda que entramos en Holanda, encontramos lo que buscábamos. El anillo de mujer era una argolla de oro delgada, muy fina, con tres pequeños brillantes en medio. Me lo puse en la mano, y me quedó perfectamente en mis manos delgadas y largas. El anillo de hombre estaba hecho con la misma forma, pero sin diamantes. No había duda de que queríamos esos. Albrecht me dijo que me iba a llevar a un lugar especial. El día que cumplimos seis meses de novios, me llevó a remar en un barquito en un canal en La Haya. Llegamos a un puente precioso, que estaba lleno de flores cayendo a los lados. Abajo del puente, el lugar era perfecto, ya que habíamos decidido casarnos abajo del puente en Central Park. El sol se reflejaba en el agua y había pajaritos cantando. Albrecht detuvo el barquito, se arrodilló, abrió la cajita de los anillos, y me pidió que fuera su esposa. Mis ojos vieron profundamente a sus ojos, y mi alma le dijo a su alma un "sí" absoluto. Me puso mi anillo en la mano. Yo tomé su anillo y le pregunté a él si quería ser mi esposo; otro "sí". Nos pusimos de pie, nos abrazamos muy fuerte y nos besamos. El barquito se movía de un lado al otro emocionado; no nos hubiera importado caernos al agua. Cuando nos dimos cuenta, había gente que se había parado en la calle para ver que pasaba. Hasta un joven se cayó de la bicicleta para ver el beso. Supongo que nunca habían visto tanta felicidad saliendo de un puente.

Durante esas vacaciones conocí cómo se vivía en Holanda. A continuación están algunas cartas que mande a mi familia.

Junio 18, 1998

Albrecht vive en una de las calles más conocidas en La Haya, el lugar se llama Scheveningen. He aprendido a pasar la aspiradora, a lavar la ropa y a cocinar. Lo bueno es que Albrecht ya sabe todo esto y me puede enseñar. Ya quedamos que yo cocino y que él lava los platos. La calle donde él vive está llena de tiendas. Abajo de la casa hay una tienda enorme de libros. Enfrente está la tienda de quesos, tienen miles de tipos de quesos. Albrecht le llevó al quesero un pedazo de queso chihuahua para preguntarle cuál queso se podía parecer. El quesero le dijo que metiera un tipo de queso que él vende en una bolsa de plástico, y que en cuatro días tendría la misma consistencia. También hay una panadería, una florería con miles de diferentes tipos de tulipanes, un videocentro y un supermercado. En la esquina hay un *snackbar* donde venden todo tipo de croquetas; hay de camarón, de queso, de *goulash*, de pollo y de verduras. También venden las tradicionales patatas a la francesa con salsa de cacahuate. En otra esquina venden comida tipo Indonesia y China, y en otra hay un lugar donde venden puros pays. El que más me gusta es el de queso con cereza. Podemos ir caminando a la playa. Nos gusta ir a caminar en la arena y ver el atardecer. También nos gusta mucho ir al puerto. Ahí compramos arenque. El arenque se come crudo con mucha cebolla; es la comida más tradicional.

Albrecht pidió vacaciones, así que me ha dado un *tour* por toda Holanda. Hemos visitado algunos museos, hemos ido al *Imax*, al cine, a bares, y he conocido a muchos de sus amigos. Los canales funcionan como calles, y los barquitos como coches. Las casas junto a los canales son elegantes, con fachadas estrechas y muy adornadas. Inclusive hay barcos que funcionan como casas flotantes.

Mañana vamos a ir a un castillo. Nos invitó un amigo de Albrecht. Va a tener una ceremonia, pues le van a dar el título de caballero de la Orden Johanniter (la variación protestante de los católicos de Malta). El sábado vamos a un concurso hípico. Van a sacar perros de cacería. El domingo nos vamos para Barcelona. Nos quedamos en la casa de la hermana de Albrecht. Luego pasaremos unos días en París.

Querida familia, ya regresamos de nuestro viaje. Nos fuimos en el coche de Albrecht. Como era muy lejos ir de Holanda a Barcelona, tuvimos que quedarnos en un hotel que estaba en la carretera, en Francia. El hotel era una casa vieja hecha de madera. El lugar era muy pueblerino, inclusive atrás del hotel pasaba un río. En la noche sólo se oían los grillos y el paso del agua. Los cuartos tenían su propia chimenea y *jacuzzi*. Estaban decorados con velas. Más romántico no hubiera podido estar. Al día siguiente nos fuimos a Figueres a visitar la casa de Dalí. Lo disfrutamos mucho, porque es nuestro pintor favorito. Luego en un bar ordenamos todo tipo de tapas: croquetas de jamón, queso manchego, jamón serrano, chistorra, tortilla y mucho vino de la casa. Salimos temprano para llegar a Barcelona antes de que oscureciera. Lo primero que hicimos fue ir al hotel Arts, donde trabaja la hermana de Albrecht. Albrecht y yo nos enamoramos de Barcelona, es el intermedio perfecto entre Holanda y México. Hay cultura, mar, montaña, color, sabor y vida.

De regreso decidimos pasar unos días en París. Como era la época del mundial, todo estaba muy lleno, por eso aceptamos la invitación de mi amiga de quedarnos en su departamento. Disfrutamos el ambiente romántico de París. Caminamos junto al Sena, disfrutamos la brisa, y comimos mucho queso. Ahora sólo nos queda disfrutar los últimos días que nos quedan. Hasta pronto, Albrecht y Sandra.

Albrecht, hola amor... El vuelo de regreso estuvo x... Te vi desde la ventana del avión. Quería salir del avión y correr a tus brazos. Cuando el avión se empezó a mover, me sentí peor. Sólo sentía un nudo enorme en la garganta. Cerré los ojos y empecé a vivir de nuevo todo. Me quedé dormida, y te pude ver otra vez.

Estoy muy *home sick*, quiero regresarme a Holanda. Siento que me fui de donde pertenezco. Siento que dejé mi casa, quiero regresar contigo. Extraño mucho la vida que teníamos en Holanda. Es como si estuviera en el lugar equivocado. Sólo me queda repetir una vez más: *Es sólo cuestión de tiempo*.

Te ama S***

12

Si le preguntamos a médicos sobre el cuarto año de medicina, lo más probable es que se acuerden que fue un año divertido, sencillo y tranquilo. Aunque uno vive un par de impresiones, no existe mucha presión. La única verdadera preocupación es decidir en dónde hacer el internado rotatorio durante el quinto año. Como es el último año que uno está con sus compañeros de la carrera, hay muchas fiestas; y las amistades acaban por consolidarse. Por fin uno tiene tiempo para disfrutar de la medicina y de la vida.

Yo estaba muy contenta porque en mi grupo les había tocado a todos mis amigos, y mis horarios no eran muy pesados. Lo diferente ese año era que cada dos meses cambiaban por completo nuestras materias; por lo tanto, también cambiábamos de hospital. Cada vez que todo se estaba volviendo rutinario, empezábamos algo nuevo. Durante ese año dimos un viaje desde el principio de la historia y de la vida (historia de la medicina, ginecología, pediatría) pasando por todos los órganos, desde la cabeza hasta los pies (neurología, oftalmología, otorrinolaringología, endocrinología, cardiología, neumología, gastrología, nefrología, urología, reumatología, ortopedia), hasta llegar a la muerte (traumatología, cirugía y medicina legal).

A. HISTORIA DE LA MEDICINA

La clase de Historia de la Medicina fue una de mis materias preferidas. Nos la daba el "Dr. Magi-cuentos". Durante las dos horas que duraba la clase, el doctor nos contaba historias como si fueran historias de niños. Tenía una voz tan monótona, que la mayoría de mis compañeros que no habían dormido bien la noche anterior se quedaban profundamente dormidos. No se prestaba la clase para tomar apuntes, pues uno sentía que era tan absurdo como tomar apuntes del cuento de los tres cochinitos. Todavía me acuerdo bien de dos historias de la mitología griega que nos contó. Una era de cómo Teseo entró al laberinto a matar al Minotauro: para encontrar la salida del laberinto, fue desenredando un hilo desde la entrada del laberinto. Cuando quiso salir, sólo lo siguió en sentido inverso. La otra historia era de como Dédalo logró pasar un hilo a través de la concha de un caracol. Puso un poco de miel al final de la concha, y por el otro lado metió una hormiga con un hilo pegado. Todavía me pregunto qué tienen que ver estas historias con la medicina…

B. GINECOLOGÍA

La primera vez que yo vi a un bebé nacer fue en la televisión. Lo primero que me vino a la mente fue "¡Ay! ¿Cómo puede salir una cabeza tan grande por ahí?" La primera vez que presencié un nacimiento, fue totalmente diferente. Fue durante la rotación de ginecología en una clínica. Al ver salir al bebé no pensé en nada, me llené de energía, sentí profunda felicidad, y me sentí totalmente llena. Me di cuenta de que de eso se trata la vida. La impresión es igual o más fuerte que ver a alguien morir.

Yo y mis dos amigas llegamos a la *toco-quirúrgica*, era la primera vez que rotábamos por ahí. Estábamos emocionadas porque sabíamos que íbamos a ver bebés nacer. Había dos doctores viendo televisión en un cuarto. Fuimos a presentarnos. Nos dijeron que les hiciéramos tacto vaginal a las pacientes, que oyéramos el corazón de los bebés, y que palpáramos la posición. Era la primera vez que lo hacíamos, sólo habíamos leído como se hacía. Armadas de valor, seguimos instrucciones. Las pacientes estaban acostadas, estaban solas, tenían suero, les habían puesto anestesia y sólo gritaban. Esa primera vez no pude calcular cuantos centímetros tenía de dilatación, no pude oír el corazón del bebé, y más o menos pude adivinar hacia que lado estaba la cabeza del bebé. Como ya me estaba cansando que los médicos no nos enseñaran, regresé con el médico, y le dije que no estaba segura de mis mediciones. Me regañó; y molesto se levantó a explicarme. A la mitad de la explicación, nos interrumpió una enfermera para decirnos que un bebé estaba apunto de nacer. Emocionada y con nervios, seguí a la enfermera y al doctor. El doctor se puso unos guantes, y le dijo a la paciente: "cuando venga una contracción puje". Como la señora ya había tenido otros hijos, al tercer pujido empezó a salir el bebé. Justo antes de que saliera, el doctor hizo la episiotomía (cortó un poco los músculos de la vagina para que saliera mejor la cabeza del bebé). Primero sólo se veía un pedazo de la cabeza del bebé, luego todo el cabello de la cabeza. Poco a poco salía la cabeza y la cara toda aplastada. De un segundo al otro, salió todo el bebé. En el cuarto se sintió mucha tensión unos segundos. De repente se oyó un gritó lleno de vida. Todos sonrieron. ¡Estaba vivo! ¡*Wow*! Nos quedamos calladas, y con ganas de llorar. Fue precioso. El doctor cortó el cordón umbilical. Las enfermeras limpiaron al bebé y se lo dieron a su mamá. Yo siempre había pensado que para tener hijos uno tenía que pasar por mucho dolor y sufrimiento, pero me di cuenta que lo único que se necesitaba era mucho valor, mucha fuerza y mucho amor. Mientras que salía la placenta, el médico puso algunos puntos en el lugar de la episiotomía. Cuando acabó, se regresó a ver la televisión. Era triste pensar que para ellos ver nacer bebes se había convertido en algo tan rutinario y común.

C. PEDIATRÍA

No todas las rotaciones fueron buenas. Me quedé con muy mal recuerdo de la rotación en pediatría. Yo tenía muchas ganas de ver niños como pacientes, y como sabía que el hospital era bueno; pensaba que aprendería mucho. Fue muy desilusionante ver que los profesores no tenían mucho respeto hacia nosotros, y no tomaban la clase en serio. Se suponía que teníamos clase tres horas, pero siempre nos dejaban esperando por lo menos hora y media antes de que llegara algún profesor. Las clases duraban veinte minutos, y eran muy malas. Lo más importante para los profesores durante ese tiempo, era tomar lista de asistencia, pues iba a contar mucho para la calificación final. En las rotaciones no había nadie responsable de nosotros. Cuando le preguntábamos a algún doctor alguna duda, nos hacía sentir que les estábamos quitando el tiempo, y que nosotros deberíamos de saber la respuesta. Eran contados los médicos que se tomaban el tiempo para enseñarnos. Al final de la rotación el profesor titular, nos dijo que sólo iba a contar para la calificación el examen final. Ni siquiera iba a tomar en cuenta la lista de asistencia. El examen duró cuatro horas y estaba muy difícil. Nada de lo que preguntó en el examen lo habíamos aprendido ni en clases ni durante la rotación. Tuvimos que estudiar el *Nelson*; un libro que era imposible leer en un mes. Creo que la mayoría los residentes de pediatría no lo leen por completo, y eso que tienen cuatro años para hacerlo. Lo mejor fue cuando acabamos esa rotación, que fue una pesadilla.

D. CARDIOLOGÍA Y NEUMOLOGÍA

El profesor de cardiología era un bailador de flamenco que parecía torero. Aunque era muy buen médico, parecía más poeta que doctor. Nuestro profesor de neumología se creía Clark Gable, y el pabellón donde trabajaba parecía de la época de la Segunda Guerra Mundial. En ambas rotaciones nos la pasamos poniendo el estetoscopio en el tórax de diferentes pacientes para aprender a diferenciar sonidos. Teníamos que aprender a asociar cada sonido con una diferente patología.

El examen final de neumología fue oral. Contaba 40% de la calificación. El doctor "Gable" se la pasó diciéndome durante una semana que estudiara mucho, pues me iba a hacer un examen muy difícil. El día del examen me mandó al pabellón de tuberculosis a hacer una historia clínica de un paciente que además de tener un poco de retraso mental, sólo hablaba náhuatl. El paciente no me pudo contestar ninguna de mis preguntas, así que sólo pude hacerle la exploración física. Sabía que el diagnóstico era tuberculosis; pero como el paciente no me podía decir que síntomas sentía, yo tenía que buscar signos. Me sentí bastante incomoda, pues alrededor de mí tosían varios pacientes con tuberculosis. En veinte minutos revisé al paciente. Durante el examen yo tenía que justificar los estudios que pediría, y el doctor me diría los resultados.

Dos horas después, el doctor me fue a decir que le iba a hacer primero el examen a mi compañero. Lo tuvo una hora y media haciéndole el examen. Las preguntas que le hacía eran muy difíciles. Le acabó poniendo un seis. Yo estaba muy nerviosa. Cuando mi compañero se fue, el doctor me preguntó que especialidad quería estudiar. Le dije que me fascinaba el funcionamiento de la mente. El sólo dijo: "esperó que no quieras estudiar psiquiatría". La segunda pregunta fue: "Quieres hacer el internado en Ejército Nacional". Mi respuesta fue: "no". Ya tenía dos preguntas mal. Durante una hora me contó las ventajas de hacerlo ahí, y yo le tuve que dar completamente la razón. Luego me dijo que tenía una reunión, y que lo esperara en un cuartito. Después de una hora regresó. Dijo que éste iba a ser el examen más difícil que tendría en mí vida. No me preguntó nada y me puso un diez. Creo que ese examen fue de paciencia.

E. GASTRO

A parte de rotar por todos los hospitales de la Ciudad de México, rotamos por restaurantes. Si hay algo que recuerdo con mucho placer del cuarto año de la carrera, fue su lado gastronómico. Como teníamos que viajar por toda la Ciudad de México, y teníamos tantas horas entre clases y rotaciones; nos dio por visitar todos los restaurantes conocidos en la ciudad. Por esas fechas estaban de moda diferentes colonias en las que ponían varios restaurantes uno detrás de otro. Cuando íbamos al Centro Médico, rotamos por todos los restaurantes de la colonia Condesa. Eran edificios de los años setenta con mesas en las banquetas. Uno se sentaba a ver a la gente pasar. Había restaurantes italianos, chinos, japoneses, franceses, de puras crepas, de puros arroces y hasta de comida macrobiótica. Vendedores y entretenedores ambulantes pasaban en la calle. Unos tocaban el violín, otros contaban cuentos, y otros hacían magia. Cuando nos queríamos aventurar un poco más, tomábamos el metro hacia el centro de la ciudad.

Hoy en día, conservo una foto que nos tomamos mis mejores amigos y yo en una cabina fotográfica saliendo del metro, íbamos a desayunar en la churrería "El Moro" que está en San Juan de Letrán.

En "El Moro", aparte de poder comer los mejores churros del mundo, era lo más cerca físicamente que podía estar a la infancia de mi padre. Por más de cincuenta años, "El Moro" guardaba los mismos azulejos, y la misma receta. En la entrada había una pequeña alberca con aceite, una señora metía y sacaba los churros al mismo compás, y luego le daba cinco tijeretazos al círculo de churros, y listo. Cinco tipos de chocolate caliente. El que siempre pedía era el que estaba hecho con leche espesa, es espumoso y dulce. Desde la puerta de la churrería veía pasar la sombra de los coches y me imaginaba que eran coches antiguos. Enfrente de la churrería imaginaba ver el edificio donde mi padre vivió en su infancia. Él vivía en el edificio donde estaba la cafetería "La Súper Leche". Ese edifico se había caído en el terremoto del 1985. Supongo que era una especie de nostalgia generacional.

Gracias a la rotación de la clínica de Ginecología pudimos conocer los restaurantes que estaban de moda en el sur de la ciudad. La avenida de la Paz era una calle empedrada con varios restaurantes. Ahí pasamos varias mañanas estudiando las diferentes fases del parto. Junto a ese hospital estaba el centro comercial Plaza Loreto, que tenía otra docena de restaurantes. La Cruz Roja estaba en Polanco, otra zona llena de gastronomía. En especial recuerdo las enchiladas de chile poblano en "Bondy".

Otra razón por la que me gustaba ir a diferentes restaurantes era que se había puesto de moda poner en la entrada de los restaurantes *stands* con postales gratis. Estas postales mostraban diferentes cosas, desde anuncios de películas hasta anuncios de restaurantes. Cada día, mientras me desayunaba o comía, le escribía una postal a Albrecht. En la esquina la echaba en uno de los buzones. A Albrecht le encantaba que aparte de recibir *e-mails* míos, diario recibía postales por *snail mail*. A veces tardaban en llegar, por lo que llegaban cinco el mismo día. Ese año le mandé más de cien postales.

F. TRAUMATOLOGÍA

La rotación de traumatología fue en la Cruz Roja de Polanco. Las clases empezaban a las 7:00 a.m. Después de clase rotábamos durante cuatro horas en algún servicio del hospital, y luego volvíamos a tener clase a las 3:00 p.m. Generalmente acabábamos la rotación más temprano, pero no nos podíamos ir porque teníamos que regresar a la última clase. La razón por la que ponían clase al final, era porque no querían que nos fuéramos antes. En mi grupo de rotación estaban mis dos mejores amigas, así que nos la pasábamos muy a gusto. Cuando acabábamos de revisar a los pacientes temprano, íbamos a desayunar o a jugar boliche. Justo nos daba tiempo para regresar a clase a tomar lista. A parte de tener asistencia, era requisito de la materia quedarnos a una guardia en urgencias durante la noche.

A las 7:00 p.m. llegué a la Cruz Roja con un *backpak* lleno de comida. Dejé el coche a una calle del hospital. Como era una zona con muchos asaltos, me metí casi corriendo al hospital. La mayoría de los pacientes que había atendido en emergencias eran personas que habían asaltado o asaltantes (que decían que los habían asaltado). La mayoría llegaba con cuchillazos o balazos en el abdomen.

La sala de emergencias se veía muy diferente de noche. Me di cuenta de que la mayor parte de la iluminación de día era dada por el sol que entraba por todas las ventanas que estaban a un costado. Había entrado a un lugar prácticamente desconocido. Aparte de que estaba todo muy oscuro, no había ningún paciente. Se veían camillas vacías arriba del piso de mármol. En el cuarto de médicos encontré al médico de guardia. Estaba viendo televisión. Le avisé que ya había llegado y que mi compañera estaba a punto de llegar. Me dijo que atendiéramos a los pacientes, y que si llegaba algo muy grave, le avisáramos. Llegó el primer paciente. Era un mesero de un restaurante. Un borracho le había *sorrajado* un botellazo en la cabeza. Traía una herida de tres centímetros en la ceja. No había nadie, así que me tocaba suturarlo. Yo ya había suturado en quirófano; pero era muy diferente hacerlo con el paciente dormido y con ayudantes en todos lados. El mesero estaba muy asustado, traía una *cascada* de sangre que le bañaba todo el ojo. Toda su ropa y cara estaban empapadas en sangre. Parecía un personaje de una película de terror. Lo tranquilicé, mientras yo me tranquilizaba por dentro. Se me quitó un poco el miedo cuando le limpié la cara y controlé la hemorragia. Sabía que le tenía que poner anestesia, pero no sabía la cantidad. En ese momento llegó mi amiga y su novio. Su novio ya era médico, y estaba estudiando la especialidad; así que sabía mucho más que nosotras. Le pregunté que si quería ayudarme. Él entendió que era una súplica. Le dije que si quería podía preparar la jeringa con la anestesia. Él consciente de que no sabíamos mucho, todo lo decía en voz alta para que fuéramos aprendiendo. Luego le dijo al paciente que no se preocupara, que íbamos a apretar un poco su ojo para abajo para no lastimarlo con la aguja. ¡Uy, que miedo, yo no estaba pensando en eso! Cuando empecé a suturar la piel me sentí más confiada. En ese momento llegó otro paciente y mi auxiliar se fue a ayudar a su novia. Yo pude continuar sin ningún problema. Lo bueno es que en cirugía me habían enseñado que tipo de suturas hacer en la cara. Al final, el mesero estaba muy contento. Me dio su tarjeta, y me dijo que cuando quisiera fuera a tomar algo al restaurante. Después de unas horas, llegó un paciente muy borracho que estaba muy agresivo y loco. Le habían dado un balazo en la pierna. Lo tuvieron que amarrar. Como era un caso de cirugía, llegaron dos cirujanos. Como nos vieron ahí mirando, *fresas*, mujeres, y chicas; nos dijeron que le pusiéramos una sonda de Foley por el meato urinario; que ni era necesaria en ese momento. Se dice fácil, pero nada fácil cuando el paciente esta borracho, y piensa que le queríamos cortar el pene. Estaba atado, pero se veía con tanta fuerza que me daba miedo que se desamarrara. Después de un rato, se me ocurrió preguntarle al médico si podía ponerle la sonda una vez que le pusieran la anestesia para la operación. Él sólo sonrió.

A la 1:00 a.m. llegó un señor con un balazo en el abdomen. Llegó acompañado de tres doctores que venían en la ambulancia. Ya tenía monitor, y ya estaba entubado. A los dos minutos de entrar a la sala de emergencias, se murió. Lo trataron de sacar de paro, pero no pudieron. Ya había visto muchas veces aquella escena, pero por más veces, no podía lograr acostumbrarme. Los dos doctores se fueron, y se quedó el médico de guardia para arreglar todos los trámites. En unos minutos la sala de espera estaba llena. Había reporteros y publicistas. Nosotras no teníamos ni idea que estaba pasando. Nos enteramos que el paciente que había muerto era un trabajador de Televisa que le habían dado un balazo cuando salía de su trabajo. Yo sólo oí la conversación del hermano del difunto con el médico. Estaba desesperado, gritaba: ¿Quién dio la orden de que lo trajeran a la Cruz Roja, si estaba en la esquina de un hospital privado! ¿Por qué no lo llevaron ahí! Luego los reporteros querían hacernos preguntas a nosotras. El doctor se acercó y nos dijo que ya nos fuéramos. Nosotras ni lo pensamos, salimos corriendo. El recuerdo que guardo de mi primera guardia es parecido al de un sueño borroso.

G. CIRUGÍA

Tomamos la clase de cirugía durante todo el año los miércoles de 4 a 8 p.m. Varios profesores nos daban clases. El titular de la materia era un doctor que era físicamente muy parecido a Tony en el programa de televisión *Los Sopranos*. Era considerado "el padrino de la cirugía", y era la cabeza de toda la mafia quirúrgica. La mayoría de mis compañeros le tenía mucho miedo, y lo trataban de evitar; pero el era mi profesor favorito. A parte de ser muy buen profesor, era muy simpático y guapo. A pesar de tener tamaño de oso; le quedaban grandes los pantalones quirúrgicos, y siempre enseñaba sus *boxers* de muñequitos de colores. Esta materia fue la única que duraba un año. Cada mes cambiábamos de especialidad quirúrgica. Pasamos principalmente por cirugía general y por otras especialidades quirúrgicas como: Urología, Gastrocirugía, Neurocirugía y *Nudología*. En esta última, teníamos que llevar un costurero y un bastidor. Durante toda la clase, por dos horas, nos enseñaban a hacer nudos quirúrgicos. Luego nos dejaban de tarea hacer cientos de nudos con diferentes variaciones. Toda la semana la pasábamos haciendo nudos. Cuando tenía examen de otra materia, me agobiaba tener que ponerme a hacer nudos en vez de estudiar. Como a veces teníamos oportunidad de hacer nudos en otros hospitales cuando no había pacientes o se cancelaba la clase; nos llevábamos el bastidor a todos lados. Muchos de los pacientes se les hacia muy curioso ver un bastidor en nuestra bata médica.

H. MEDICINA LEGAL

Medicina legal era un dolor de cabeza, nos la dio el doctor R-50 (residente en su cincuentavo año). Le decían así por que se seguía vistiendo todo de blanco como estudiante, y ya era abuelo. Yo me acordaba muy bien de cuando mis hermanos tomaron esa clase. Tuvieron que memorizarse casi todo el Código Penal. Yo pensaba que mis hermanos exageraban, pero realmente sí era cierto, la clase era muy aburrida. Consistía en abrir el Código Penal, nos decía una página y nos leía lo que nos teníamos que aprender de memoria. Durante toda la clase nosotros subrayábamos en amarillo lo que nos dictaba. "Se impondrán de tres a cinco años de prisión y multa de trescientos a quinientos pesos a quien…" En el examen, el doctor nos daba una hoja en blanco y nos decía, escriban el artículo 291, 210, 194. Nosotros debíamos saber a cuál artículo se refería, y teníamos que escribirlo. Si nos faltaba un punto o una coma, nos quitaba puntos. Teníamos que poner todas las fracciones, y poner las multas. En el examen final me tuve que aprender 40 leyes del Código Penal. Yo traté de verlo de forma positiva, estábamos haciendo ejercicios de memorización. Pensé que me iba acordar de los artículos por el resto de mi vida, pues los poemas que aprendí en secundaria estaban muy grabados en mi mente; pero después de un mes, los artículos del Código Penal ya se me habían olvidado.

I. NUEVAMENTE ME TOPÉ CON LA MUERTE

Era tan seguido que parecía mi sombra. En la sala de emergencias, en el quirófano, hasta en los pasillos. A veces me detenía a observarla o a jugar con ella; pero la mayoría del tiempo la pasaba por inadvertida. La medicina es muy bella. El entendimiento del funcionamiento del cuerpo es extraordinario. La mayoría de las veces, como estudiante uno sólo ve tragedias; eso no puede ser bello. Hay compañeros que disfrutan enormemente ver sangre derramando y gente desecha; pero yo no. Claro que me siento plena al ayudar a la gente, pero me siento vacía al ver a la gente morir sufriendo. Al principio pensaba que necesitaba un recordatorio para valorar mi salud, y valorar mi vida; pero eso quedó tan impregnado en mí, que ya no lo quería. Mientras pensaba en esto, caminando en el pasillo del hospital, pasaba junto a mí un trabajador vestido de gris. Lentamente arrastraba una camilla con el cuerpo de un niño cubierto con una sabana blanca. Atrás iba una señora humilde llorando y gritando. Todas sus lágrimas caían sobre mí. Todo se tornó gris, hubo un silencio inminente; y corría el tiempo lentamente.

El profesor de Medicina Forense nos dijo que si queríamos, algún viernes fuéramos al Servicio Médico Forense (SEMEFO) para presenciar una autopsia. Era el lugar donde llevaban a todos los cadáveres no identificados. La mayoría de los cadáveres que llegaban eran cuerpos que encontraban tirados en la calle. Muchos eran de asesinados o atropellados.

Decidí ir para acompañar a mis amigos, y por conocer el SEMEFO. Para la mayoría era la primera vez que veían una autopsia. Desde el principio reconocí en ellos los síntomas que yo había tenido cinco años antes. Unos compañeros tenían curiosidad morbosa, y otros se hacían los valientes. La mayoría estaban totalmente disociados.

Cuando inició la autopsia, empecé a revivir todos los sentimientos que tuve cinco años antes. Pero había una diferencia, cinco años antes tenía que comprobarme a mí misma que yo era fuerte y que podía soportar ver como deshacían un cuerpo como el mío. Tenía que comprobarme que podía ver la situación de diferente manera, intelectualmente, tratando de verlo como la cosa más normal.

De un segundo al otro me di cuenta que no tenía que probarle a nadie nada. Que era más sano aceptar que la situación me desagradaba, que no disfrutaba, y que no tenía por qué estar ahí. Después de un par de segundos, salí a la calle. Estaba contenta y tranquila. Vi el cielo, respiré aire fresco y sonreí. Me sentía llena, estaba viva. Estaba feliz de darme cuenta que mi obsesión con la muerte, no era sino puro amor a la vida.

J. A DECIDIR

Seis meses antes de que acabara el cuarto año de medicina, todos los estudiantes se empiezan a preocupar y a angustiar, porque tienen que decidir en cual hospital van a hacer el internado rotatorio durante el quinto año. El hospital donde uno hace el internado juega un papel muy importante en la identidad que forma a uno como médico. Uno primero tiene que decidir en que tipo de hospital quiere. Básicamente hay tres opciones: hospital público, privado, o en el extranjero. Para tomar la decisión, uno puede oír las experiencias de otros doctores. Oír estas experiencias a veces confunde más a los estudiantes, pues la mayoría considera que la mejor decisión es la que ellos tomaron. Lo que es importante es saber lo que uno quiere y espera de ese año. Generalmente, en todos los hospitales, el internado es un año muy pesado. Se tienen que hacer guardias de más de veinticuatro horas cada dos o tres días. Cuando uno tiene algo de tiempo, lo tiene que usar para dormir o comer. Uno come y duerme mal. Uno está tan cansado, que hace todo por automatismo. No hay tiempo para estudiar, es difícil aprender y uno se siente explotado. Básicamente, es necesario ser masoquista para sobrevivir ese año.

Todos los hospitales tienen ventajas y desventajas. En los hospitales públicos el médico interno tiene toda la responsabilidad. Debe tomar muchas decisiones solo, ve muchos pacientes, y puede *meter mucha mano*. En estos hospitales, uno aprende a tener confianza en uno mismo, porque uno adquiere mucha práctica en procedimientos. Algunos dicen que la desventaja es que la enseñanza es autodidacta, que uno aprende de sus propios errores, y que si están haciendo algo mal no hay nadie que los corrija. Los que fueron a hospitales privados dicen que la enseñanza es mejor, dado que hay médicos que les enseñan cómo hacer las cosas. Aunque no les dejan meter la mano tanto, aprenden de buenos ejemplos. Si uno decide hacer el internado en el extranjero, no sólo aprende medicina, sino que conoce otra cultura, otra manera de pensar, y otro tipo de medicina. Nuestra universidad tenía convenio con hospitales en España y EU. El proceso para aceptar internos en cada hospital era diferente. Algunos hospitales hacían examen de admisión; otros, entrevista, y otros daban a la universidad un número de plazas. Estas plazas las escogían los alumnos conforme su promedio. Por lo tanto, los que tenían promedio bajo, tenían menos oportunidad de escoger el hospital que querían.

Tres meses antes de acabar el tercer año, llegó a darnos una plática un profesor que venía de Jerusalén. Tenía interés de abrir dos plazas para hacer el internado en Jerusalén. Nos enseñó un video de ese hospital, dónde se podía ver que había gente de todos lados del mundo, que la medicina era de primer nivel y que el hospital tenía un gran prestigio. Antes de que acabara la plática, yo ya me había enamorado de la idea. Además de que el hospital tenía muy buena enseñanza, me atraía mucho vivir un año en Medio Oriente. Sabía que nunca más se me iba a presentar una oportunidad así. Tenía mucha sed de conocer cosas nuevas, de viajar, y de conocer otra cultura. Acabé aterrizando cuando el doctor comentó que iban a hacer todo lo posible para abrir la plaza para nuestra generación, pero que lo más probable era que iban a abrirla un año después.

Hice mi solicitud para hacer el internado en el hospital donde yo había nacido. Ahí mis hermanos habían hecho su internado, mi papá era del *staff*, y yo había sido dama voluntaria. Me costó trabajo convencer a mi mejor amiga que también hiciera solicitud, pero el día que nos aceptaron las dos estábamos felices; nos fuimos a celebrar en grande. Al día siguiente me enteré que la universidad quería saber cuantos estudiantes estaban interesados en ir a Israel. Que aunque lo más probable era que no iban a poder arreglar todo para ese año, querían demostrarle a la universidad en Jerusalén que sí había interesados.

Albrecht y yo habíamos dicho que todas las decisiones las íbamos a tomar juntos, así que no quise solicitar sin haberlo hablado antes con él. Para él fue muy impactante que de un segundo al otro le saliera con: *Me encantaría irme un año a vivir a Jerusalén antes de casarnos*. Él ya sabía que conmigo la vida estaba llena de sorpresas; pero al principio no sabía si realmente lo decía en serio. Hablamos horas y horas de las ventajas y desventajas que habría si me iba. Me acabo diciendo que él quería que yo volara, y que el quería volar conmigo. Que me amaba y que sabía lo importante de que yo viviera esto antes de casarme. Me enamoré más de él, no había ni la más mínima duda que él era el hombre con el que quería crecer. También quería saber lo que mis papás opinaban. Ellos estaban en Nueva York, habían ido porque el hijo de mi hermano mayor, su primer nieto, acababa de nacer. Esa semana tenía que avisar en la universidad, así que no podía esperar a que regresaran. Les llamé por teléfono. Me sorprendí de que ellos no se sorprendieran. Creo que ya se habían acostumbrado a que yo saliera con novedades así. Lo único que me dijeron es que ellos confiaban en todas mis decisiones, y que me apoyaban completamente. Estaba casi segura que la oportunidad no se iba a dar, porque además de que había diez interesados, era difícil que abrieran la plaza. Lo que más me gustaba era que tenía todo el apoyo de mis papás y de mi futuro esposo. No me hice ilusión alguna, pues no quería decepcionarme.

Un mes antes de acabar el cuarto año, recibí una carta diciendo que me habían aceptado para hacer mi internado en Jerusalén. De todo el mundo, yo fui la más sorprendida.

Estimada Sandra,
La Facultad de Medicina de la Universidad en Jerusalén os espera con los brazos abiertos, ya que vemos en este programa mucho más que un intercambio académico. Estoy seguro que os iríais de aquí con vivencias inolvidables, y enriquecidos con valores humanos. Me da gran placer que tanto tú como tu compañero,

hayáis optado por hacer el curso intensivo (*Ulpan*) de Hebreo, el cual os servirá no sólo para establecer contacto con los pacientes, sino también os ofrecerá la oportunidad de acercarse a la tradición e historia de Israel y conocernos más de cerca. Nosotros haremos todo lo posible para hacer vuestra estadía aquí amena, agradable y provechosa. Estoy a vuestra disposición para ayudaros y encaminaros, así que desde ya podéis dirigiros a mí con cualquier pregunta que tengáis. En cuanto al uniforme, tendrás que traer batas blancas, o comprarlas aquí. En cuanto a ropa de quirófano, la recibirás del hospital. Mi esposa es la vice-jefa de Enfermería del quirófano, y ella te ayudará en todo lo que se refiere a tu estadía en Cirugía. Mi nuera es estudiante de medicina, y será compañera tuya; así que ahí también tendrás toda la ayuda que necesites. A la espera de vuestra llegada a Jerusalén, y con mis mejores deseos de éxito en vuestra experiencia Israelí,

Shalom y Lehitraot!

13

A. MÉXICO

El internado rotatorio en el quinto año de la carrera de medicina dura un año, del 1 de junio al 31 de mayo. Como yo me iba a Israel a mediados de junio, tuve que hacer unas cuantas guardias en México antes de irme.

Jueves 2 de julio de 1999, Ginecología, primera guardia

5:00 a.m. Me levanté llena de energía y con mucho entusiasmo: era mi primer día como médico interno.

6:00 a.m. Me recogió una de mis mejores amigas, para ir al hospital. Después de cuarenta minutos en el coche, llegamos a una clínica del Seguro Social en el norte de la Ciudad de México. A esa hora no había tráfico, si no hubiéramos hecho dos horas.

6:40 a.m. Después de entrar por la puerta principal, donde estaba el logo del Seguro Social, llegamos al *lobby*. Un lugar oscuro lleno de ventanillas y de gente esperando su turno. En todos los costados había pasillos o escaleras en forma laberíntica. Cada pasillo tenía su señalamiento, así que pudimos localizar el Departamento de Ginecoobstetricia sin ningún problema. A pesar de que era la primera vez que estaba yo en ese lugar, me parecía muy familiar, pues la mayoría de los hospitales del Seguro Social tienen ese aspecto característico. Parecía mercado silencioso, o iglesia caótica. Había gente preocupada, haciendo su papel de pacientes. El olor era bastante característico, era el olor a sudor de gente enferma.

6:50 a.m. Al llegar a la toco-quirúrgica nos pusimos el uniforme quirúrgico, y entramos a la sala de prelabor; un cuarto grande con piso y paredes de azulejo amarillo claro. Del lado derecho del cuarto había siete camas pegadas a la pared y del lado izquierdo otras siete. En cada cama había una mujer gritando. Gritaban de todo: silabas, groserías, nombres, rezos. Sus gritos venían directo del alma. Nunca había escuchado tal intensidad. Era justo como me imaginaba el Purgatorio.

Enfrente del cuarto había un escritorio con dos maquinas de escribir. A un costado había un pasillo que comunicaba a la sala de labor. A las mujeres las llevan ahí cinco minutos antes de que nacieran sus bebés.

7:00 a.m. Empezó la entrega de guardia. Los médicos que se quedaron durante la noche nos presentaron el caso de cada paciente. A parte de que nos tuvimos que fijar muy bien en todos los acontecimientos, aprendimos cómo entregaban la guardia. Al día siguiente nos tocaba a nosotras entregarla.

7:30 a.m.-9:00 a.m. Después de un rato logré acostumbrarme a los gritos, y hasta logré aislarlos en mi mente. Me puse a escribir notas de entrada e historias clínicas en una maquina de escribir. El teclado estaba tan duro, que tenía que apretar varías veces la misma letra. Algunas letras salían a medias, y otras perforaban el papel.

Había siete médicos internos, y tres listas de espera: turno en maquina de escribir, paciente nuevo y parto que atender. Como sólo había dos maquinas para siete personas, si no había maquina disponible, teníamos que escribir todo a mano y más tarde trascribirlo. Cada media hora teníamos que revisar a las pacientes. Nos habían dicho que a las mujeres que no se les había roto la fuente se la rompiéramos para adelantar el parto.

9:30 a.m. Mi amiga vio mi cara de angustia cuando me enteré que tenía que atender el siguiente parto sin ayuda de nadie. Como buena amiga me dijo: "Esta primera vez yo lo atiendo y tú me ayudas. Te fijas bien porque el siguiente te toca a ti". Como su papá era ginecólogo, tenía mucha más experiencia que yo. Aunque yo ya sabía toda la teoría, empecé a tomar nota en mi mente como si fuera la primera vez: ponerme la bata quirúrgica, ponerme los guantes, lavar a la paciente, poner campos en las piernas de la paciente, cuando venga contracción gritarle a la paciente "¡puje, puje, puje!", al ver dos centímetros de la cabeza del bebé agarrar bisturí, proteger la cabeza del bebé, hacer la episiotomía (los médicos residentes nos habían dicho que a todas las hiciéramos episiotomía para evitar desgarro), respirar, cortar el cordón umbilical, y darle el bebé al pediatra. El "pediatra" era el compañero más mediocre y flojo que teníamos. Cuando acabó de salir la placenta, mi amiga tuvo que meter todo el brazo y revisar que no hubiera quedado ningún pedazo de placenta. Los residentes nos habían repetido más de tres veces que no se nos fuera a olvidar revisar esto. La mujer no había gritado nada en comparación a este último procedimiento. Obviamente la paciente no estaba anestesiada. Por último, mi amiga felicitó a la paciente, y salió corriendo para ponerse al corriente.

A los residentes sólo los veíamos si había alguna complicación. Ellos estaban en el quirófano haciendo legrados y cesáreas. De vez en cuando teníamos que entrar al quirófano a ayudarlos.

11:00 a.m. Como era la primera guardia para la mitad de los internos, las tres listas de espera se habían vuelto un caos. Exactamente cuando entró el jefe de Ginecología, una mujer empezó a gritar más de lo común. El bebé ya había nacido sobre la cama. El jefe de Ginecología literalmente lo *cachó*. Nos dijo que generalmente da guardias de castigo cuando pasa esto; pero como era nuestra primera guardia nos iba a perdonar.

6:00 p.m. Yo fui la última en enterarme de que también había una lista de espera para ir a comer a la cafetería. Como todos tenían quince minutos para comer, tenía que esperar una hora y media a que los otros seis médicos comieran. Había sopa de chícharo, que parecía meconio; y una carne, que parecía liga de plástico. Saqué un papel con la lista de cosas que tenía que traer de mi casa para la siguiente guardia, y apunté: comida, papel de baño, jabón y una máquina de escribir.

8:00 p.m. a 4:00 a.m. Continuamos haciendo lo mismo. Parecía una fábrica de bebés. Llegaron más de cincuenta pacientes. Un residente me dijo "es pesado cuando te toca tu primera guardia en luna llena". En la Escuela de Medicina nunca me habían enseñado que cuando hay luna llena, hay más partos.

4:00 a.m. Tuve que escribir todo el papeleo de las pacientes que se iban a dar de alta.

5:30 a.m. Empezó a estar todo más tranquilo, así que era momento de dormir un poco. Me asomé al cuarto donde había una litera. En cada cama estaban dormidas tres personas. Un doctor dormía en la única cama que quedaba vacía para los pacientes, y otros dos en el suelo. Las enfermeras habían agarrado las sillas. Salí a buscar una silla. Los pasillos de cristal estaban todos oscuros, sólo entraba la luz brillante de la luna. Yo, con uniforme quirúrgico y casi en estado de sonambulismo, me sentía dentro de un manicomio. Después de mucho buscar, encontré una silla en la cafetería. Me llevé la silla a la sala de ginecología, y me quedé profundamente dormida. Después de veinte minutos me di cuenta que no había tenido tiempo para ir al baño, así que me tuve que levantarme para ir. Cuando regresé, ya me habían robado mi silla. No quise dormirme en el suelo, pues no quería que se me metiera una cucaracha a la boca.

6:00 a.m. Me asomé al cuarto de médicos, y vi una camilla vacía. Extendí una sabana rota, y me recosté. A los cinco minutos me empezó a dar comezón en las piernas. Pensé que era mi imaginación y me dormí. Cuando amanecí tenía piquetes de chinches en mis piernas.

6:15 a.m. Nos despertó un residente a gritos "¡Qué flojos! ¡Cómo pueden seguir dormidos? Vengan a ayudarme que tengo que hacer unos legrados".

7:00 a.m. Entregamos la guardia, y nos fuimos a la casa.

8:30 a.m. Regresé a mi casa. Sentí como si hubiera pasado una semana desde que me fui, pero sólo habían sido 26 horas. Tenía 21 horas para descansar, pues al día siguiente tenía que regresar a hacer otra guardia.

Estuve un par de semanas yendo a ese hospital. El tiempo es tan relativo, que ahora siento como si hubiera ido durante un año. Mi boleto de avión era un boleto de escape, me sentía muy afortunada.

B. ISRAEL

Mi avión llegó a las 11:00 p.m. al aeropuerto Ben Gurion. Al bajarme del avión tuve que hacer una *cola* por más de dos horas para poder pasar la aduana. Los oficiales me hicieron más de cincuenta preguntas. Después de enseñar todos los comprobantes, y explicarles toda mi dinámica familiar, mi pasado y mis aspiraciones; me dejaron entrar. Tomé un taxi que me llevó a mi hotel. Tenía reservaciones en el hotel Hayatt Regency Jerusalén junto a la universidad. Estaba localizado en la periferia de Jerusalén, arriba del Monte Scopus (de la vista). Estaba tan cansada que al abrir la puerta de mi cuarto sólo tenía ojos para la cama matrimonial que parecía una mezcla de espuma con nubes. Me quité la ropa, y me dormí junto con los ocho cojines de plumas. Al día siguiente los rayos de sol entraron por mi ventana. Me desperté poco a poco. La noche anterior había olvidado cerrar las cortinas, eso permitió que mi despertar fuera perfecto. Nunca pensé amanecer en un lugar así. Una vista similar la había imaginado antes, al leer los cuentos de *Las mil y una noches*. En la periferia, el desierto de Judea se juntaba con lo azul claro del cielo. La distancia simbolizaba la división con el mundo real. La ciudad parecía una sola entidad, pues todo edificio estaba hecho de piedra blanca. Los ladrillos brillaban a destiempo, mientras caían rayos de sol sobre ellos. Una muralla dividía al tiempo, mientras que, a la vez, protegía el centro del mundo. Como quería dejar muy bien el recuerdo de esa vista en mi memoria, pedí que me trajeran el desayuno a la cama. Sabía que en unas horas iba a despedirme del lujo.

Llegué a la universidad a registrarme, y a pedir las llaves de donde iba a dormir. Antes de decirme nada, me metieron a un cuarto a que hiciera un examen. Querían saber mi nivel de hebreo. Por más que les decía que no sabía absolutamente nada, no me escucharon. Me dijeron que contestara lo que pudiera. Hojeé las veinte hojas de examen. No había ninguna letra que reconociera, todo estaba en hebreo. Escribí en inglés que no sabía absolutamente nada, y que mi nivel era cero. Entregué el papel. Como ya había hecho el primer trámite, ya podía pasar a lo siguiente. Me entregaron una carpeta en donde me decían todo lo que tenía que hacer: ir a recoger las llaves de mi piso, ir al piso, contratar línea de teléfono, inscribirme en la embajada, buscar a mi madrija (mi tutora), ir al supermercado, etc. Aparte, todas mis actividades del siguiente mes estaban organizadas. Decía a qué hora me tenía que despertar, a qué fiestas tenía que asistir, a qué clases, a qué tours, y a qué hora tenía que ir a rezar a la sinagoga. Todo ya estaba organizado.

Tenía dos días antes de empezar con las clases de hebreo. El primer día traté de instalarme. Hice todo lo que la lista decía. En todas las calles y oficinas la gente gritaba enojada. Ya había oído que los israelíes eran *sabras* (tunas); por afuera con espinas, pero dentro, dulces. A las pocas semanas me salieron espinas a mí y aprendí a gritar de regreso, inclusive en hebreo.

Al final del día fui al supermercado. Fue divertido tener que escoger toda mi comida guiándome por las fotos y dibujos de los empaques, pues todo estaba en hebreo. En vez de queso, jabón, leche y agua mineral; acabé con mantequilla, crema, yogurt y agua quinada. Gracias a que mi instinto decidió comprar mucha fruta, no morí de hambre.

Jerusalén es la ciudad de las divisiones. Toda la ciudad está dividida en tres: la parte judía, la parte musulmana y la ciudad vieja. En la parte judía está la universidad y el hospital. En esa parte hay muchos comercios y restaurantes modernos que están construidos en un estilo europeo. La calle principal se llama Ben Yehuda. Dentro de esta zona hay una colonia alemana, una judía ortodoxa, una universitaria, una cultural, una rusa y una gubernamental. En el centro está la ciudad vieja. Alrededor de toda la ciudad vieja hay una muralla que fue construida en el siglo xiv en la época de Suliman el Grande. Esta muralla tiene ocho puertas (Dorada, Zion, Herodes, León, Yafo, San Esteban, Nueva, y Dung.) En siete de estas puertas se puede entrar a la ciudad. La puerta que está cerrada es la dorada, ésta sólo se abre para el Mesías. La ciudad vieja está dividida en cuatro: una parte judía, otra cristiana, otra armenia y otra árabe. Dentro de la muralla todo cambia: el clima, la gente, la atmósfera, la vibra; todo. Con tan sólo unos cuantos pasos, al entrar a esa muralla, uno viaja dos mil años hacia atrás en el tiempo.

Durante el primer mes asistí al *Ulpan* (clase intensiva de hebreo). También nos introdujeron a la cultura judía, y nos dieron *tours* por todo Israel. El primer *tour* fue al museo de la Citadela. Éste fue el palacio de Herodes en el siglo i. Fue bueno empezar por ahí, ya que ahora es un museo sobre toda la historia de Jerusalén. Fuimos cuarenta estudiantes, tres profesores, un guía y cinco guardaespaldas con ametralladoras. Todo estaba muy bien organizado y el guía era muy bueno. Después fuimos al Monte Zion, ahí está enterrado el Rey David, ahí fue la Última Cena, y desde ahí fue ascendida la Virgen. Me llamó mucho la atención que decían que el lugar de la Última Cena era el mismo lugar donde estaba enterrado el Rey David. Era poco probable que Jesús fuera ahí a celebrar el *Seder de Pesaj* (cena de pascua).

Después de tanto estudiar en la carrera, estaba feliz de estar aprendiendo de todo menos de medicina. Para mi sorpresa se me hizo muy fácil aprender hebreo, e inclusive era la mejor en mi clase. En las tardes, iba a muchas clases y actividades en la universidad y en el templo. En una clase discutimos la Kabalah (esoterismo judío), muchas clases estuvimos estudiando e interpretando cada letra del abecedario hebreo por horas. En otra clase estudiamos el Talmud (libro religioso judío), y en otra problemas éticos-médicos en relación con la Biblia. Aparte, nos reuníamos en grupos donde veíamos películas, y luego las discutíamos. Después de cada clase nos daban de comer. Un día pizza; otro, pollo rostizado; otro, bagels; y otro, pitas con humus y tahina. Muchos de los que iban a la clase sólo iban por la comida.

La primera vez que fui al Kotel (Muro Occidental o Muro de los Lamentos) fue con un grupo de la universidad. Fuimos a media noche, ya que iba a ser el primer día de ese año que tocaban el *shofar* (trompeta). Es impresionante llegar y ver la majestuosidad del muro, al estar enfrente de él, uno se siente pequeño. Hoy en día, el muro es un templo enorme para todos los judíos; pero en una época el rey Salomón invitaba a todo ser humano a rezar.

Este muro es parte de la pared del segundo templo. El primer templo fue construido por el rey Salomón para guardar el Arca de la Alianza con los Diez Mandamientos. En 586 a.C. los babilonios destruyeron el templo, y desaparecieron las tablas. Setenta años después, empezó la construcción del segundo templo, Herodes lo hizo más monumental y grande. En el año 70 fue destruido por los romanos. Ese muro es lo único que queda del segundo templo. Hasta hoy en día, los judíos ortodoxos rezan tres veces al día pidiendo la restauración del templo.

Fuimos como diez personas acompañadas por el rabino. Primero nos dio una larga charla contándonos que el *shofar* era una especie de trompeta hecha de cuerno de carnero. Nos dijo que su sonido servía para despertar el alma de todos para que puedan meditar sobre el año. También dijo que llenaba al pueblo de alegría, esperanza y libertad. Empiezan a tocar el *shofar* cuarenta días antes de *Roshashana* (año nuevo), cuando se marca el día que Moisés subió por las tablas. Luego nos dijo que pretendiéramos que veníamos de un lugar lejano, y que nos transportáramos dos mil años atrás en el tiempo. A mí me dijo que yo había hecho un viaje de cuatro meses de duración desde España. Que había llegado en barco, y que luego había tomado un camello. Que me imaginara que había esperado toda mi vida para llegar a este preciso momento. Nos habló mucho del significado del muro. Luego nos hizo ir a éste a meditar.

La religión y el misticismo están presentes en el aire. Todos los sentidos se convierten en uno: la piel con la piedra, la vista en la esperanza, la música monótona de rezos y palabras, el olor de lo antiguo, el sentir de lo sagrado; todo combinado una vez más. La pantalla donde billones de almas dejan sus esperanzas con tan sólo juntar la yema de los dedos en esa pared. Mismos temores, alegrías, deseos y suplicas se han repetido a lo largo de las estaciones. Lugar más místico que el centro de la unión no puede haber. Simbología, misticismo mezclado en lo más puro de la fe. Poesía sin palabras, unión de divisiones, sentimientos que rompen el umbral de la palabra. Los que no ven la pared, ven el duomo; los que no, ven la cruz. Para mí eso no importa, lo que queda marcado es la montaña que da raíces y solidifica nuestra esencia. Une tiempo, espacio y luz; y me hace humano.

Un sonido a lo lejos despierta mi alma y rompe mis pensamientos. Es el *shofar...*

Al día siguiente tenía que ver el muro a la luz del día. Después de la clase de hebreo me fui a la ciudad vieja. Llegué justo antes de que empezara el *Shabat* (el séptimo día de la semana). El *Shabat* comienza justo cuando se mete el sol. A diferencia de la noche anterior, había cientos de personas. Del lado derecho estaban rezando las mujeres, y del lado izquierdo los hombres. Por unos segundos todos se quedaron callados. En el momento en que la sombra cubrió el muro, empezó el *Shabat*, todos rezaron, a cantaron y bailaron.

Me impresionó aún más visitar la ciudad de Jerusalén que existía hace dos mil años y que está debajo de la actual Jerusalén. Por unos túneles se pueden visitar calles, arcos y paredes que construyó Herodes. Inclusive se puede ir siguiendo el resto del muro del templo que construyó Herodes; o sea, la continuación del Muro de los Lamentos. Este muro es sólo una pequeñísima parte del muro existente, puesto que continúa por dentro casi quinientos metros más. Para poder visitarlos había que hacer cita con un mes de anticipación. Esta ciudad enterrada fue descubierta a principios del siglo XX, y la abrieron al público hace apenas un par de décadas. Hay muchas peleas entre los árabes y los judíos, debido a que nadie puede tocar esos túneles sin permiso del otro. Inclusive hay muchos pasadizos en los que todavía nadie ha podido entrar. Algo que me contaron, que poca gente sabe, es que hay muchas casas árabes que usan el muro como pared de su casa.

A la mitad del recorrido nos mostraron en qué dirección estaba la piedra de la creación, donde según el Viejo Testamento fue el principio de la vida y el sacrificio de Isaac. Exactamente arriba de donde está la piedra que es considerada el *kodesh kodechim* (lo más santo de lo santo), está construido el Duomo de la Roca, la Mezquita dorada. Ahí está la piedra desde donde, se dice, Mahoma ascendió al cielo. Muchos judíos no entran, pues tienen miedo de pisar la roca. Se dice que también es el lugar donde Adán y Eva empezaron a existir.

Roshashana

Shana Tova V Metuka (feliz y dulce año nuevo). En año nuevo fui a cenar a casa de mi familia adoptiva. Para empezar la cena comimos rodajas de manzana que simbolizaban lo cíclico del año. Seguimos con un pastel hecho de cacahuate y nuez con mucha miel para comenzar un año dulce. Luego seguimos con lo salado. Comimos cabeza de pescado; que simboliza la cabeza del año. También comimos salmón, pollo agridulce, arroz y empanadas de atún. De postre nos dieron granada con azúcar. La granada tiene muchas semillitas que representan muchas acciones buenas y abundancia para todo el año. Estuvimos cantando y platicando.

Ese año empezó con toda la ciudad llena de basura. Los que la recogen llevaban diez días de huelga. Había montañas de basura en todo Jerusalén. Mucha gente quemaba la basura, así que todo estaba hecho un asco, además el calor no ayudaba.

Jánuca

Celebré *Jánuca* (Fiesta de las Luminarias) con amigos del hospital. Estábamos listos para celebrar la victoria de los macabeos sobre Antiochus IV de Siria en el año 165 a.C. y que fue cuando los judíos recuperaron el Templo de Jerusalén. También estábamos celebrando cuando milagrosamente el aceite, que tan sólo alcanzaría para alumbrar las lámparas por un día, fue suficiente por ocho días consecutivos. Decidimos celebrar toda la semana en un día, así que comimos ocho veces más de lo acostumbrado, rezamos ocho veces, y prendimos las ocho velas. Toda la comida estaba frita en aceite, para simbolizar el aceite que había durado por ocho días. Aparte de croquetas, tacos, papas fritas, *egg rolls* y pollo; comimos la comida más tradicional de *Jánuca*: *sufganiot* y *latkes*. En Israel, los *sufganiot* se empezaban a comer un mes antes de *Jánuca*, son una especie de dona rellena de mermelada frita en aceite; así que el día de *Jánuca* yo ya no podía comer ni uno más. Los *latkes*, unos panqueques de patata, eran mis preferidos desde mi infancia.

Pesaj sameaj (Felices páscuas)

En Israel, durante *Pesaj* se cierran todas las tiendas y no hay transporte público. Así que nos tocó doble *Shabat*, ya que acabando la celebración del primer día de *Pesaj*, celebramos *Shabat*. La familia de mi profesor era la mitad *askenasim* (judíos provenientes de Europa central u oriental) y la otra mitad *sefardí* (judíos provenientes de España o Portugal); hubo una combinación de costumbres y de comida. Primero leímos toda la *Haggadah* de *Pesaj*, o sea, la historia de la salida de los judíos de Egipto. Estuvo muy interactivo: primero una *beraja* (rezo), luego tomamos vino, después comimos una lechuga en agua salada (representando los tiempos salados que los antiguos judíos tuvieron que sufrir). Luego comimos un huevo cocido y escondimos una pieza de *matzá* para que los niños la buscaran (a este *matzá* escondido se le llama *afikomen*). La historia duró como una hora y media. Luego cenamos. Había tanta comida que la cena duró cuatro horas. Entre cada platillo cantamos y digerimos. Comimos *gefilte fish*, sopa de *matzá ball*, pollo, carne, albóndigas de hígado, muchas ensaladas, y *kafka*.

Mi cumpleaños- Iom Huledet Sameaj

Eilat era mi ciudad preferida, dado que me encantaba ir a bucear ahí. Desde la playa, a lo lejos, se veía Arabia Saudita, Jordania y Egipto. Me sumergía

en las aguas del Mar Rojo, y me encontraba en un lugar sin tiempo ni grave-
dad. La comunicación era a través del cuerpo y la vista era más importante
que la mirada. Los colores de los corales y los peces eran intensos, vivos y
sublimes. Bucear en ese mar era entrar a un lugar alucinógeno donde no
existían las reglas y los sentidos cambiaban. Nadando en las profundida-
des, cumplí mis 24 años.

C. JUDÍOS

Shabat empieza el viernes cuando se pone el sol, y dura hasta el sábado,
también a la puesta del sol. Desde el viernes en la mañana hasta el sábado en
la tarde, a todas las personas que uno ve, se les dice *shabat* (sábado) *shalom*
(hola, con paz). Durante las 24 horas de *Shabat* no se puede usar la electricidad, no hay transporte, no hay tiendas abiertas, no se puede cocinar, y no se
puede trabajar. En las calles de Jerusalén no hay ningún establecimiento
abierto, y todas las calles están oscuras. En ese lapso hay varios rezos. El
viernes en la noche, cuando empieza el *Shabat* se prenden velas y se hace
una cena. El primer *Shabat* lo pase en casa de mi tutor y profesor. Antes de
cenar dijeron las berajas del pan, del vino y de las velas. Luego cenamos lo
que cocinó él. Estaba delicioso, era mouse de pescado, *strogonoff* con arroz,
ensalada y pastel de chocolate.

El sábado por la mañana fui a la sinagoga de la universidad al servicio de
Shabat. La sinagoga tiene un ventanal enorme desde donde se puede ver
toda Jerusalén. Nos dieron libros para rezar. De un lado, el texto estaba en
inglés, y del otro en hebreo. Después de dos horas de rezar, el rabino invitó a
las sesenta personas que estaban en la sinagoga a pasar al comedor. También dijo que estábamos invitados todos los viernes y sábados a rezar y a comer. Antes de comer dijimos las *berajot* (bendiciones). Pasaron un vaso de
vino y todos tomamos un poco. Luego nos levantamos a lavarnos las manos
con una jarra, una vez en la mano derecha, otra en la izquierda; así, seis veces. Después regresamos a la mesa, no podíamos hablar hasta que tomára-
mos un pedazo de pan. De entrada nos dieron ensalada de berenjena, papas
y pasta. De plato fuerte, un cocido con garbanzo, carne, maíz, y arroz. De
postre nos dieron galletas y luego licor de plátano. Toda la comida se había

quedado a fuego lento desde antes que empezara el *Shabat*, para así no trabajar durante éste. Cantamos durante una hora en hebreo, y luego el rabino nos dio una plática. Nos dio la bienvenida a Jerusalén, y habló de la importancia de unir a todos los judíos en Israel. Nos dijo que a nuestra generación le tocaba recibir al Mesías, y que todos los judíos iban a regresar a Israel.

Los estudiantes saben que si no quieren acabar encerrados todo el fin de semana tienen que salir de Jerusalén antes de que se meta el sol el viernes. La universidad organiza viajes de fin de semana para enseñar Israel. Un fin de semana nos llevaron a Galilea. Galilea es el área en el norte de Israel, donde está la frontera con el Líbano. Fuimos a rapelear a una montaña en forma de puente. Era la primera vez que quedaba suspendida en el aire, sintiendo un viento estático. La velocidad a la que uno baja está controlada por una cuerda. Si uno sostiene la cuerda con la mano, uno no se mueve. Al soltar la cuerda uno baja a toda velocidad. Mi vista estaba fijada en el cielo, evitando ver el precipicio. Mi mano controlaba la adrenalina de mi cuerpo, mientras me iba deslizando. Uno no piensa, sólo vuela.

Cuando todos acabaron de bajar, hicimos un día de campo con sándwiches típicos israelíes: bocadillos con ensalada de atún, con queso feta y pepino, o con ensalada de berenjena. Después de comer seguimos caminando. Tuvimos que caminar seis horas en el desierto, cargando litros de agua para no deshidratarnos. Antes del *Shabat* llegamos a dormir a un *kibutz* cerca de Cesárea. Yo nunca me imaginé un *kibutz* así, parecía hotel de lujo. Tenía tiendas, supermercado, bares y hasta una playa particular. Los cuartos estaban muy grandes, limpios y con aire acondicionado. La comida estaba muy rica, pues tienen sus propias vacas y cosechan todo tipo de frutas y verduras. Era un lugar dónde uno podía sentirse en casa.

En la noche fuimos a un bar que estaba en la playa, y bailamos hasta el amanecer. Justo cuando apagaron la música, nos llamaron a desayunar. Era hora de ir a Cesárea a ver las ruinas construidas por Herodes. En una época, Cesárea fue la capital de Roma, nombrada en honor a Julio César. Las ruinas están a la orilla del mar; así que, junto al acueducto, al anfiteatro y al hipódromo, se ve el azul del mar.

El resto del fin de semana nos la pasamos en la playa, disfrutando del agua del Mediterráneo. El agua estaba muy tranquila y además muy limpia. Jugamos *frisbee*, remamos en los kayaks, oímos música y descansamos. Tuvimos que esperar a que se acabara *Shabat* para que hubiera autobús de regreso a Jerusalén.

El tiempo que estuve en el Ulpan fue de fiesta, hedonismo y teoría. Conocí un Israel para turistas y adolescentes judíos provenientes de América. Todo cambió cuando empecé a ir al hospital. Empecé a ver Israel desde otro punto de vista. Me acerque al sufrimiento, al odio y a la enfermedad. Shabat ya no era tan agradable para mí. Durante Shabat acababa de trabajar en el hospital a las 8:00 p.m. del viernes, y ya todo estaba cerrado y no había transporte.

Un viernes salí ya tarde del hospital, y fui al único supermercado abierto cerca de mi casa. Cuando llegué estaban en la puerta del supermercado cuatro rabinos gritando: "*Shhhaaabbaattt*!!! *Shaaabbaaattt*!!!!". El dueño de la tienda subió el volumen de la música. Los rabinos empezaron a gritar más fuerte: "*Shhhhaaabbaattt*!!! *Shaaabbaaattt*!!!!". El dueño salió a la calle. Frente a frente quedaron gritándose un señor rapado y camiseta amarrilla fluorescente y cuatro viejos con pelo y barbas largas vestidos de negro. Los rabinos no escucharon, seguían gritando contra la cara del dueño. El dueño de la tienda los empujo al suelo uno por uno. El sombrero de fieltro y los *kipas* de todos salieron volando. Los rabinos seguían gritando: "*Shhaabaattt*!!! *Shaabbaaattt*!!!!". Un ejemplo más de la falta de respeto que existe en este país. A parte de la gran separación y racismo que existe entre cada grupo religioso, es increíble la separación entre los religiosos judíos y no religiosos.

Nuevamente llega *Shabat*, y yo me deprimo. Es como si el mundo muriera, y volviera a nacer el sábado en la noche. Uno camina por las calles de Jerusalén, y no oye ningún ruido. Todas las luces apagadas y las tiendas cerradas. De repente se escuchan unos pasos, uno voltea y no sabe si es la sombra de una persona o si acaso la de uno mismo. Después de unos segundos me doy cuenta que es un hombre religioso vestido de negro. Camina hacia ningún lado. No existe el tiempo, no existe vida. Es el momento en que uno se da cuenta que pasó una semana más. Se pregunta uno si acaso ha cambiado la vida desde el *Shabat* pasado. Se pregunta cuantas cosas productivas han pasado esta semana. Uno se deprime, porque se encuentra de golpe con su existencia. La razón de Año Nuevo se convierte en la razón de *Shabat*.

Aquí los fines de semana son del viernes en la noche al sábado, y el domingo a trabajar. En la mayoría del mundo los fines de semana están llenos de vida. La mayoría de la gente no religiosa, incluyéndome a mí, huyen de Jerusalén en *Shabat*. Quizás sólo huyamos de nosotros mismos.

Durante *Shabat* soy forzada por la sociedad a quedarme encerrada en casa. No hay ningún lugar a donde ir. No puedo visitar a mis amigos, porque no hay medio de trasporte. En casa no puedo hacer limpieza con las cortinas abiertas, porque los vecinos se enojan. Todavía no tengo refrigerador, y los restaurantes están cerrados; no puedo pedir ni una pizza. Lo único que puedo hacer es ir a la sinagoga, meditar y ver las estrellas. Hay ausencia de sonido, de luz y de vida. Esto de vez en cuando está muy bien; pero no soportaría que fueran a ser así todos mis fines de semana por el resto de mi vida.

Sandra:
Espero que algún día aprendas a disfrutar Shabat. La ausencia de algo nos hace disfrutar más la presencia. Piensa en como si fueran estaciones, sólo que más cortas. Si aprendes y le encuentras el gusto, podrás usar ese tiempo para pensar en ti; y encontrarás la verdadera felicidad. Podrás encontrar la paz en ti misma, y no en el mundo externo. Aprenderás lo relativo de la vida, y aceptarás todas las penas. Siempre que hay una pérdida, lo perdido es sustituido por otra cosa. Uno debe darse la ocasión para saber encontrarlo. Yo sé que tú lo haces bastante bien, pero debes recordarlo cuando te entre el *blues*. Recuerda que el salirse de la rutina y del estrés nos da más capacidad vital. Es cuestión de dejarse llevar por la vida, y aceptar lo que nos va ofreciendo. Te adora, Mamá

Los judíos que yo conocía en México, e inclusive en el hospital en Jerusalén, eran gente muy brillante, muy inteligente, muy humana, muy respetable, muy culta y con mucho dinero. Esa naturaleza yo se las atribuía a la raza, pero platicando con los pacientes y viendo a los israelíes en la calle me di cuenta que sin educación, estos rasgos no se expresan. Israel, como todo país, tiene todo tipo de gente. Conocí a mucha gente conflictiva que llegó a Israel huyendo de ellos mismos. No se dieron cuenta que ellos eran el problema, y se llevaron con ellos sus conflictos y los malos hábitos de sus países. También conocí mucha gente que no sabía lo que esperaba de la vida, y se fue a Israel a averiguarlo. Claro, no se puede generalizar, porque por otro lado conocí gente que estaba en Israel por idealismo, porque Israel es su tierra madre y prefieren dar su capacidad y su vida a algo que les hace sentido.

Mis amigos judíos en México me habían dicho que Israel era un lugar organizado y moderno. Pero creo que se quedaron en el mejor hotel y sólo visitaron zonas turísticas. En general, es un lugar sin lujos, con burocracia y muchos problemas. Los autobuses se tardan demasiado en llegar a la parada. Todos se echan la responsabilidad unos a los otros. Para todo hay problemas y dolores de cabeza. Todo es difícil: abrir una cuenta de banco, alargar una visa, conseguir un seguro, hasta pedir un taxi... todo, absolutamente todo es problema. Todos se comunican a gritos.

Es triste que haya tantos problemas sociales y políticos en Tierra Santa. Israel estaba en guerra, y tenía que escuchar las noticias varias veces al día. Siempre se oía que soldados mataban a palestinos, y que palestinos mataban a civiles. Todos los hombres judíos eran considerados soldados. Las fronteras se abrían y cerraban constantemente. En varias ocasiones llegaron a urgencias grupos de turistas heridos, debido a que terroristas les disparaban en la carretera. En cualquier momento podía estallar una bomba cerca de mí.

Dos horas en un camión a Haderas, y luego veinte minutos a Orakiva. Llegué a una ciudad igual a todas las ciudades de Israel. Banco Hapoalim, algunas tiendas comerciales, mismos autos, misma gente. En la parada me estaban esperando dos niñas de mi edad. Me llevaron a la casa de la cuñada de mi hermano mayor. Era una señora de edad aparente entre cuarenta y cincuenta años. Una señora fuerte, con ojos azules-grises y pelo cano. Todas las mujeres estaban vestidas con falda larga y con el pelo tapado, incluyéndome a mí. Los niños y el papá todos usaban una *kipá* negra. Ella me saludó y me llevó al cuarto donde me iba a quedar. Sólo veía niños, más niños, y más niños. Tiene nueve hijos. El más chico tenía tres años, y el más grande diecinueve. Vivían en una casa bastante grande con muchos cuartos. Tenían todo lo que necesitaban. Vivían como cualquier otra familia en Israel.

Toda la familia cumplía con las 613 *mitzvas* (reglas, obligaciones). Ella misma me dijo que le gustaba tener un instructivo de la vida que le dijera exactamente cómo debía vivir, cómo debía de pensar, qué debía comer, y qué le resolvería todo.

A las 4:05 p.m. se metió el sol y empezó *Shabat*. Regresando de la sinagoga nos sentamos a la mesa. Ella prendió las velas, cantamos "Shalom Aleichem" y "Eishet Chayil". Su esposo recitó el *kiddush* (rezo) para santificar el vino y el *challah* (pan). Nos levantamos a la cocina y nos lavamos las manos para prepararnos para recibir el *challah*. Los doce sentados a la mesa comimos lo que en todos lados en Israel: pepinos, queso, humus, pan, vino, pollo, papas, fruta y pastel de dátil. Después de cenar me quedé jugando con los tres niños más chicos. Jugamos a que yo señalaba algo, ellos decían la palabra en hebreo y yo en inglés. Luego ellos la repetían en inglés y yo en hebreo. Jugamos por más de una hora. Ella fue a acostar a todos los niños y se fue a dormir. Yo me quedé hablando con el esposo y su hijo mayor.

El primer encuentro con una persona es difícil, así que yo siempre trato de encontrar un punto en común, para así hacer contacto. Esa noche no pude encontrar ese tema. Me rompí la cabeza, los analicé, trate de hablar del tiempo, pero no podía llegar a hacer contacto. Era la primera vez que tenía la oportunidad de dialogar con judíos religiosos, pero no podía empezar a hablar. Cuando estaba a punto de darme por vencida e irme a dormir, hice mi último esfuerzo y les dije: "Tengo mucho interés de entender su forma de pensar". La noche acababa de empezar. El papá dijo: "La religión es lo único importante. Lo demás es innecesario y una pérdida de tiempo. Lo único que se debe hacer y saber en esta vida está en la Torah. Uno puede estar leyéndola toda la vida, y nunca acaba. Ustedes no tienen valores, están vacíos, y no saben de qué se trata la vida. Sólo pierden el tiempo y viven en un plano inferior. Los que dicen ser judíos y no están integrados en su sociedad, realmente no son judíos". Por respeto y por instinto no pregunté nada; sólo escuche. Hice todo lo posible por entender. Por tres horas me dio clases de lo que decía la Torah. Fue una plática muy complicada y pesada.

A la 1:00 a.m. se apagaron las luces automáticamente; así que me fui a dormir a oscuras. A las 6:00 a.m. nueve niños empezaron a gritar y a correr por toda la casa. Antes de desayunar fuimos a la sinagoga. Luego jugamos. Los niños me preguntaban cosas muy sencillas que uno daría por hecho que cualquier ser humano viviendo en este planeta sabe. Estos niños nunca habían visto la televisión. No escuchaban las noticias. No leían libros que no fueran religiosos. No sabían de arte ni cultura ni política ni deportes, ni que fuera innecesario. De lo único que sabían, yo no sabía. Ellos estaban muy interesados en saber de todo, pero como me dio la impresión de que su papá no quería que les dijera nada, mejor los puse a cantar. El papá sólo me hizo una pregunta "¿Por qué estudias medicina?" Yo le contesté que ésa era una pregunta muy difícil, y que podía estar horas explicándole desde el nivel más superficial hasta los niveles más profundos; pero que seguramente no le iba a poder contestar. Entonces me preguntó: "¿Estudias medicina para así poder ganar dinero y poder vivir?" Todos se quedaron silenciosos cuando les dije que ésa no era la razón principal. El papá añadió: "La única razón por la que el ser humano trabaja es para poder tener dinero para alimentarse y tener una casa". Nos fuimos otra vez a la sinagoga, y regresamos a comer la comida que se quedó a fuego lento toda la noche. Era hora de recitar la *Havdalah*, pues *Shabat* había terminado. Se acabó un *Shabat*, otro *Shabat*. Pero no un *Shabat* cualquiera; fue mi último *Shabat*. A la semana siguiente todo cambió...

Descubrí "Glass", un salón-bar que estaba abierto durante todo el viernes en la noche. Ahí aprendí a bailar salsa y rumba. Canté y toqué la guitarra, comí las mejor tapas de Jerusalén, dejé varias botellas de vino Gato Negro vacías; y conocí a toda la comunidad latina no religiosa que vivía en Jerusalén. Sobre todo, aprendí a usar *Shabat* para no pensar sobre lo que pasó en la semana; para olvidarme de todo, y para celebrar que estaba viva.

D. MUSULMANES

Los países que hacen frontera con Israel son Palestina, Egipto, Jordania, Siria y Líbano. Las fronteras entre Israel y Siria, e Israel y Líbano estaban cerradas. Para entrar a esos países era necesario no tener ningún sello Israelí en el pasaporte. Los únicos países fronterizos a los que se podía ir era Palestina, Egipto y Jordania.

Palestina

Lo primero que busqué en el mapa fue Palestina, pero no la encontré. Así que a varias personas les preguntaba: ¿En dónde está exactamente Palestina?

Algunos judíos me decían que Palestina no existía, otros me decían que eran diferentes colonias dentro de Israel. Los palestinos decían que Palestina era toda Tierra Santa, o que era otro nombre para Israel. Poco a poco entendí que en una parte de la ciudad vivían musulmanes, y en otra judíos, pero no era posible separarlas en un mapa, pues eran islas por todos lados. Donde estaban los palestinos se llamaba Palestina, donde estaban los judíos, era Israel. El problema era que si en un lugar estaban los dos juntos, como por ejemplo en el hospital, para uno era Palestina y para el otro Israel. O sea, Palestina es un país reconocido en sí, pero no reconocido adentro de la ciudad que se llama Jerusalén. Los judíos en la universidad me recomendaron nunca tomar *sheruts* (taxis) ni ir a la parte árabe, decían que me podían matar o violar. Básicamente muchos me transmitieron que todos los árabes eran malos, asesinos, y que estaban detrás de nosotros. En el hospital conocí a personas maravillosas que eran palestinos y me di la oportunidad de conocer un poco más de sus lugares. Automáticamente, al ir a visitar estos lugares, los palestinos dejaban de pensar que yo era judía y me trataban muy bien. La mayoría era muy amigable, y siempre estaban dispuestos a abrir su casa a todo extranjero.

La primera ciudad palestina que fui a visitar fue Belén. Mientras comía brochetas de hojas de parra y *baklaba*, hablé de política y religión con el primo de una amiga. Me sorprendió al decirme que había trabajado desde los dieciocho años como guardia presidencial cuidando a Arafat. O sea, era miembro de la Organización de Liberación de Palestina (OLP). Antes la OLP era considerada un grupo terrorista, pero luego la reconocieron legal y mundialmente. Después del Tratado de Oslo de 1994, él se retiró, pues ya no había por qué huir y esconderse de los israelíes.

Después de cenar fuimos a tomar café a un hotel enfrente de la iglesia donde nació Jesús. La iglesia estaba cerrada, y todo alrededor estaba lleno de polvo y tierra, pues había muchas construcciones. Estaban haciendo muchos hoteles y restaurantes para la celebración del año 2000. Probé la pipa de agua con tabaco de manzana. En estas pipas se pueden fumar muchos sabores de tabaco. De regreso, nos paramos en una gasolinera. Enfrente de la gasolinera había un edificio que me llamó mucho la atención. Era horizontal, nuevo, de color gris, alargado, limpio, y tenía una *menorá* arriba. Me dijo que era la tumba de Raquel. Me sentía dentro de la Biblia, fuera de tiempo y espacio. Primero pisar cerca de donde estaba el establo donde nació Jesús y luego la tumba de Raquel. Para el primo de mi amiga era lo más normal, pero yo me sentía parte de un anacronismo.

Durante la cena le dije que me explicara, en términos generales, el problema de los palestinos con los israelíes. Me sorprendió que siendo miembro de la OLP, enfocara toda su plática a Israel, y que hablara de los palestinos en tercera persona.

Se echó un monólogo de más de una hora:

Es tan larga la historia, que sólo te daré una introducción. Todo comenzó hace más o menos tres mil años, cuando Dios prometió a los judíos la tierra prometida; esta tierra. Esto es lo que se escribió en el Viejo Testamento, y actualmente es el argumento más usado para justificar que la tierra es de ellos.

Tres mil años de lucha por esta tierra, y por más de dos mil años no había estado en sus manos, hasta ahora. A finales del siglo xix tuvieron la oportunidad de pedir ayuda a Europa para formar un país. En este punto es dónde empezó el actual problema palestino-israelí. Los palestinos, un pueblo árabe que estaba viviendo en esta misma área, pidieron también ayuda para formar su propio país. A mediados del siglo xx, la onu propuso dar a los palestinos la mitad de la tierra y a los judíos la otra mitad. Los palestinos no estuvieron de acuerdo, los judíos sí. Estos últimos ocuparon todo el territorio, y trataron a los palestinos como refugiados. Además, se atacaron a los países vecinos, consiguiendo más territorio y más enemigos. En 1964 se fundó la Organización para la Liberación de Palestina, guiada por Arafat. Esta organización llegó a tener dinero y poder, puesto que muchos países árabes la apoyaban, y varios otros países daban dinero para evitar actos terroristas en sus países. Después de casi treinta años, Arafat logró que Estados Unidos, la onu y luego Israel reconocieran a Palestina. Claro, para que esto sucediera tuvo que dar muchas concesiones y muchos no estuvieron de acuerdo. Tuvo que aceptar a Israel como país, detener el terrorismo de la olp, y aceptar que sólo les iban a dar una parte pequeña de la tierra. Al aceptar esto, la olp se dividió en varios grupos; pues la idea original era que Palestina iba a reemplazar totalmente a Israel...

El problema de los últimos años es que Palestina no está de acuerdo con que sólo le den ciudades aisladas en forma de condados, pues eso no es un país. Además están controlados totalmente por Israel. El terrorismo no terminó, pues hay grupos que no están de acuerdo con lo que firmó Arafat, y cada vez que tratan de llegar a algo, hay más terrorismo para evitarlo. Otro punto es que hay muchos palestinos que dicen que se debe de respetar las fronteras originales, y que Israel debe de regresar los territorios a los cuales invadió, puesto que no les pertenecen. Israel dice que luchó por ellos, y que no en balde murieron tantos ciudadanos. Además, Israel no quiere cumplir con lo que había acordado porque sigue habiendo terrorismo. Otro miedo que tienen es que los palestinos actúen de la misma forma que ellos actuaron, aceptar un territorio pequeño, para luego luchar por un territorio más grande. Por último quiero agregar que ambos, los judíos y los palestinos, tenemos el dolor de la sangre y el sufrimiento. Ver morir a tantos niños, a nuestros hermanos, padres y amigos crea enojo, resentimiento y odio; esto no se puede borrar con política.

Le dije que la única solución que yo veía era que se hiciera un mestizaje entre toda la gente. Falta que la gente se dé cuenta de que todos somos seres humanos luchando por lo mismo, con los mismos miedos y con las mismas necesidades.

Continuó diciendo:

> Eso me lo dices tú, porque para ti la adaptación es un valor importante. Para ti es importante la supervivencia como individuo. Esto va a hacer que te salves de muchos peligros, que tengas una vida más fácil, que te acepten diferentes personas, y que puedas ser feliz en muchas diferentes culturas. Pero estamos hablando de los judíos. A ellos lo que les importa es la supervivencia como grupo. Un mestizaje sería imposible, pues los judíos han tenido algo que les ha servido para su ventaja y desventaja: la inadaptación. En términos evolutivos es mejor la adaptación; pero para los judíos la inadaptación ha conservado su existencia. No se mezclan, se ayudan entre ellos; y siguen ahí. En otras palabras, para ellos es un gran valor el no perder su identidad. Primero, ante todo, lo importante es ser judío, punto. Muchos los ven como amenaza, por ser un grupo muy fuerte económico y social, que no coopera adaptándose al bien de la sociedad. En términos históricos esto les ha valido mucho odio, no por nada han sido exiliados de Egipto, de Europa, de Rusia, Yemen, Rumania, y dos veces de Palestina.

Finalizó diciendo que había esperanza de paz, y que el año 2000 era un año clave. "Si no se hace la paz este año, el mundo va a ser un mundo diferente. Tenemos la esperanza de que Estados Unidos, representado por Ehud Barak, ayude a solucionar el problema. Muchos piensan que este problema es una cosa mayor, pero en realidad es una cosa muy sencilla comparado a lo que puede llegar a ser…"

Después de leer y preguntar mucho, empecé a entender un poco el problema Palestina-Israel. Pero también me enteré que había el problema Siria-Israel, Líbano-Israel, Irán-Israel, e Irak-Israel.

Jordania

Nos juntamos un grupo de amigos para ir a Jordania. Como no había transporte directo de Israel a Jordania, tuvimos que tomar un autobús que nos llevó a la frontera. Llegamos a las 3:00 a.m. a la aduana, y para nuestra sorpresa estaba cerrada; la abrían a las seis. Estábamos tan cansados, y hacía tanto calor, que nos dormimos en las bancas que estaban afuera.

Cuando abrieron, pasamos la frontera caminando. A esa hora sólo pasaba gente que viajaba arriba de camellos por el desierto. Los rayos de sol se iban intensificando, y la temperatura subía poco a poco hasta los 45 grados. Después de una hora de caminar, encontramos un taxi que nos llevó a la ciudad mítica, escondida a la mitad del desierto: Petra. Petra es uno de los lugares más únicos que he visto, pues la arquitectura de su ciudad está totalmente fusionada con la naturaleza. Todos sus edificios, de más de tres mil años, están hechos como esculturas; tallados sobre la piedra de las enormes montañas, es un lugar totalmente desértico. La ciudad tiene más de ochocientos monumentos: palacios, casas, cuartos, tumbas, teatro romano, templos y galerías.

Para llegar a la ciudad es necesario caminar a través de un estrecho cañón de 1.2 kilómetros de largo y 100 metros de profundidad. En el momento menos esperado, uno se encuentra de frente con el monumento más majestuoso de Petra: el Tesoro. Éste es un edificio de más de cuarenta metros de altura, lleno de columnas y arcos. Es el edificio que sale en la película de *Indiana Jones*. Otro de los edificios más conocidos de Petra se llama El Monasterio. Para llegar a él, es toda una aventura, pues uno tiene que escalar por un sendero durante una hora.

Primero montamos a caballo, luego caminamos, además montamos en camello, y luego en burro. Me sentía un personaje de las historietas del Pato Donald y sus sobrinos. El camino era a través de montañas muy altas con grandes precipicios. A mí me tocó un burro suicida y narcisista, que casi me asesina. No le importaba que me pegara con las rocas. Decidí dejar de sentirme Sancho Panza, y mejor caminar hacia los molinos. Es increíble cómo tanta creatividad fue invertida en esa arquitectura, ahora el humano usa su creatividad para hacer cosas prácticas, sencillas y rápidas.

Al día siguiente nos fuimos temprano para ver el Valle de los Reyes. Estuvimos viendo ruinas y castillos por el camino entre Petra y Amman. Como hacía un calor horrible, 50 grados, decidimos parar a nadar. Yo no sabía que se podía nadar en el Mar Muerto en Jordania, así que mi primer encuentro con el punto más bajo en la tierra fue toda una sorpresa. Realmente uno no puede decir que nadó en el Mar Muerto, pues como es seis veces más salado que el océano, la densidad sólo permite flotar. Es una experiencia única, porque uno no se puede sumergir. Me tuve que meter a nadar con ropa porque como es un país árabe uno debe tener los brazos, las piernas y el pelo cubierto. La cantidad de sal y minerales no permite que viva organismo alguno en esas aguas, es por eso que le llamaron Mar Muerto. Cualquier cortadita que tenga uno en la piel, arde. Con la cantidad de ampollas que tenía reventadas, yo sentía que me amputaban mi pie.

De regreso a Jerusalén nos fuimos por el puente de Hussein. En la frontera había tanta seguridad que tardamos cuatro horas en cruzar. Yo sólo tenía una manzana y agua, con el calor acabé tomando té sumamente caliente sin sabor, y tarta de manzana. Llegando, nos fuimos a cenar a mi restaurante preferido en Jerusalén, "Rimon Café". Nos comimos tres pizzas de atún, alcachofas, aceitunas, elotes y anchoas.

Cuando Albrecht podía, venía de Holanda a visitarme. Conoció gran parte de Israel y también fuimos juntos a Egipto y Turquía.

Egipto

Cuando dos enamorados llevan tanto tiempo separados, el tiempo juntos es más preciado; así que las trece horas que estuvimos sentados Albrecht y yo en el autobús de Jerusalén al Cairo; fueron unas de las horas más románticas que he pasado. La vista por la ventana al desierto del Sinaí era aún más apreciada con el aire acondicionado del autobús. El romanticismo se convertía poco a poco en aventura mientras cruzábamos el Canal de Suez.

Lo primero que nos llamó la atención al llegar al Cairo anárquico fue su tráfico. Por todos lados uno ve coches pasar a alta velocidad, los semáforos no tienen ninguna función, y los miles de cláxones con diferentes tonos e intensidades se escuchan por toda la ciudad. Este caos se intensifica debido a que toda la gente grita y corre de un lugar al otro. Los ciudadanos hablan en las puertas de las tiendas y casas. Por todos lados hay meseros cruzando las calles llevando charolas con cafés, pues los ciudadanos los toman en todos lados. La mayoría de la gente, mujeres u hombres, usan falda larga y se tapan la cabeza. Todos caminan agarrados de la mano. Los hombres se saludan de beso, algunos en el cachete y otros en la boca.

El Cairo es una ciudad caótica, ruidosa, intensa, laberíntica, misteriosa, hospitalaria, bella e inolvidable. Es una ciudad para recorrer, para caminar sin saber a donde ir, para perderse y encontrar la verdadera esencia del Cairo. Cuando uno está empapado en esa nostalgia, uno está listo para poder adentrarse a Guiza. De las siete maravillas del mundo, es la única que sigue existiendo. No necesita descripción histórica ni poética, pues las imágenes están enclavadas en cada uno de nosotros como si fueran parte del nuestro inconsciente colectivo.

No puedo recordar cuándo fue la primera vez que vi en fotografía esas tres pirámides y la esfinge. Son tan familiares que podría jurar que ya había estado presente. Era y seguía siendo para mí un lugar misterioso, donde no existía el tiempo ni espacio. Lugar tan lejano, que ni siquiera me atreví a fantasear que alguna vez pisaría sus suelos.

Estoy ante la inmortal roca que carga el peso de los siglos y el paso de las religiones y culturas; pero logro transportarme y llegar aún más allá. Muy lejos en el tiempo, a donde todo comenzó: a mi infancia. Pasan leyendas y sueños delante de mí. Llego a un lugar que en mi mente está en el infinito. Ya lo había mirado, pero nunca antes realmente sentido. Todas las fantasías de mi curiosa infancia vuelven a mí, y atacan todos mis sentidos en una memoria ligada a un lugar donde todas piensan tener que ir alguna vez aunque sea en pensamiento. En ese instante la energía de los siglos se funde con mi propia energía y se consolida con la de todos aquellos visitantes, que aun sin saberlo, remplazaron sus propias ilusiones de la infancia.

Toda esa historia revuelta con leyendas de momias, faraones y reyes cobraban vida mientras recorríamos el Nilo en busca de tumbas y templos. Era para mí el comprobante que todas esas historias sí existieron y no sólo eran parte de un libro de texto. La confusión de la infancia también regresó a mí, pues esas leyendas yo las había leído al mismo tiempo que los cuentos de los hermanos Grim y las historietas del Pato Donald. En la escuela me habían contado la historia de la misma manera que me contaban la fantasía de esos personajes. Veinte años después, seguía siendo confuso distinguir entre los personajes reales de la historia y los dioses y simbolismos presentes. Sí, los dioses existían y estaban presentes, todos esos simbolismos estaban presentes en cada esquina; pero de los reyes y ciudadanos, sólo existían sus tumbas vacías.

Aswan era lo más al sur que habíamos planeado llegar, puesto que Egipto tenía mucha tensión política con Sudan, pero en nuestro hotel nos dijeron que era posible tomar un avión para ir a visitar Abú Simbel. No lo pensamos dos veces, pues sabíamos que era el templo más impresionante de Egipto. Pensábamos que nos iban a mandar en una avioneta pequeña, pero para nuestra sorpresa nos llevó un avión enorme de Egiptian Airlines, con muy buen servicio. Todo está muy bien planeado. Cada dos horas llegaba un avión lleno de turistas a Abú Simbel, éstos tenían una hora para ver el templo, y regresar en el siguiente avión.

Abú Simbel es un templo impresionante cerca de la frontera con Sudan a la orilla del lago Nasser. La fachada del templo tiene talladas en piedra cuatro estatuas de Ramses II, de 22 metros de altura. Tuvieron que mover el templo y volverlo a construir cuando subió el nivel del lago. Es tan grande ese templo que necesitaron ayuda de las Naciones Unidas y varios países para moverlo de lugar para que no se sumergiera en el agua. Por la parte de atrás del templo se puede ver la reconstrucción. Dejaron la carátula original y por dentro hay una bodega enorme.

Visitamos Abú Simbel, tomamos un avión de regreso a Luxor, y luego el tren al Cairo. Nuestra última noche en el Cairo la pasamos a bordo de un crucero que flotaba en las aguas del río Nilo. Comida egipcia, música con *belly dancers*, y una despedida a la luz de la luna llena. Era hora de regresar. ¿Regresar a dónde? A seguir soñando.

Estambul

Navidad en Estambul junto con mi amado. Navegamos en un barco que se acercaba a Constantinopla. Estamos en el mar Marmara, el mar más tranquilo del mundo. De un lado, podemos ver el continente asiático, y del otro, el continente europeo. Los rayos de sol van cayendo poco a poco en la ciudad, iluminándola como si fuera de oro. Nos estamos acercando y lo primero que llama mi atención son las mansiones y palacios preciosos de la época de los otomanos. Después veo que hay todo tipo de edificios, desde ruinas hasta modernos. Es una ciudad con color que ha logrado modernizarse sin perder el sabor de lo antiguo. Es un país de ochenta años que lleva consigo una ciudad de más de 2 500 años. La gente, igualmente, al mismo tiempo que conserva sus tradiciones, ha sabido modernizarse. Una ciudad llena de arquitectura, arte, comida, historia, y comercio. Los primeros días tratamos de conocer los lugares turísticos, principalmente lo bizantino y lo otomano. Pasamos la noche de Navidad en el mejor hotel de Estambul. Cenamos y bailamos en el restaurante giratorio. Así pudimos, una vez más, disfrutar de las vistas a la ciudad. Al día siguiente fuimos de compras al centro comercial más moderno y más grande de toda Europa. Fueron unas vacaciones inolvidables.

E. CRISTIANA

En Jerusalén está El Santo Sepulcro, que es la iglesia más importante para los cristianos. Ahí es donde se dice que crucificaron a Jesús y está su tumba. Por toda la ciudad hay más de 150 iglesias que representan escenas de la vida de Jesús. Aparte, en Israel se encuentran muchas ciudades citadas en la Biblia, como por ejemplo: Galilea, Belén y Nazaret. Estas ciudades se encuentran bajo la Autoridad Nacional Palestina. Los cristianos que viven ahí se llaman a sí mismos cristianos palestinos o cristianos árabes. En estas ciudades coexisten cristianos y musulmanes y tienen muy buenas relaciones de respeto y fraternidad. En mis clases de historia judía me enseñaron que Helena, la madre de Constantino, llegó en el siglo IV a proclamar el lugar de todos los hechos históricos cristianos. Qué bueno que no se le ocurrió decir que crucificaron a Jesús en el Muro de los Lamentos...

Fui a la mayoría de los lugares cristianos cuando mis papás fueron a visitarme a Israel. Fue emocionante ver con qué ilusión y fascinación veían el Santo Sepulcro (donde crucificaron a Jesús), donde nació Jesús, donde vivió, el Vía Crucis, la casa de San Pedro, donde vivía María, donde se le apareció el ángel Gabriel, la iglesia donde fueron las Bodas de Canán, el mar donde caminó Jesús, donde multiplicó los peces y los panes, donde hizo sus milagros, y el lugar donde se le apareció el demonio. Ellos habían oído esas historias hacía más de cincuenta años, y por fin podían conocer los lugares donde se dice que ocurrieron. Ellos mismos dijeron que era como estar dentro de la Biblia. Tuvieron que aceptar que Jerusalén es un lugar místico y mágico. Como mi papá es una enciclopedia bíblica andante, me iba narrando la Biblia mientras visitábamos los lugares.

Cuando tenía yo seis años de edad, uno de mis traumas más grandes fue que mis papás me llevaron a visitar millones de catedrales en España. Yo pensaba que iba a desquitarme con mis hijos; pero no, me desquité con ellos, llevándolos a visitar todos los templos, mezquitas e iglesias de Tierra Santa.

Un Año Nuevo

Planeta Tierra, diciembre 31 de 1999: todos preparados para celebrar el milenio. Tantos años de espera para por fin ver el futuro.

Jerusalén, diciembre 31 de 1999, un *Shabat* cualquiera. Los rabinos dicen que mejor se celebre el cambio del milenio el sábado para que no interfiera con *Shabat*. Estados Unidos y Europa preocupados de que el mundo se acabe debido a un bicho cibernético creado por la humanidad. El Monte de los Olivos, en Palestina, atascado de locos esperando al Mesías. Los hospitales psiquiátricos y las cárceles llenas en Jerusalén. Las luces apagadas por que esto va a iniciar.

Algunos celebraban la circuncisión de Cristo. Algunos celebraban su nacionalidad, orgullosos de ser el país en donde más gastaron dinero para el espectáculo más grande del milenio. Algunos seguían su calendario islámico, hebreo, etc., Yeltsin nutria su narcisismo al saber que millones de personas lo estaban viendo por televisión. Otros celebraban con las personas queridas, otros se deprimían al ver al tiempo pasar, y para otros sólo fiesta por reventar.

En otros planetas se rompían el cerebro tratando de comprender que fenómeno extraño sucedía en este planeta, puesto que lo único que podían ver eran luces de diferentes colores en el cielo. Un suspiro de la gente cuando se daban cuenta de que ya había cambiado su reloj y todavía existían, que todavía existía la Tierra, y que todavía funcionaba la computadora.

¿Y yo? Yo sólo quería algo diferente, pues era un año especial. Ese año me convertiría en doctora y en la esposa de Albrecht. Celebrábamos nuestro segundo aniversario de novios. Lo último que queríamos era darle importancia al tiempo, porque sólo es la continuación de nuestra vida. Lo más prudente fue quitarnos el reloj desde la mañana hasta el día siguiente. Decidimos ir a Haifa. Era un lugar que a mí me gustaba mucho porque se siente la calma, la vista del mar es preciosa, el cielo es claro con muchas estrellas, y la gente es muy simpática y alegre. Desde el cuarto teníamos una vista preciosa. Hicimos un *picknick*, en el cuarto, con las cosas que más nos gusta comer: queso, vino, arenque, pan, paté, helado, pasteles y fruta. Oímos música, bailamos, y vimos la celebración de todo el mundo. Nos encantó que salieran todas las celebraciones de todo el mundo porque se sentía una unidad, un mundo con la misma raza que es la humana. Casi todos juntos para aceptar que hay un futuro. En fin, fue perfecto. Acabé el milenio haciendo las cosas que más me gusta hacer en la vida con la persona que amo.

Hola amor, me siento triste y contenta; llena y vacía. Te siento en todos lados, pero no te puedo ver. Después de tantas veces que nos hemos separado ya sería para que nos acostumbráramos; pero nunca podré acostumbrarme a estar sin ti. Siempre pasa lo mismo: te sigo oliendo, te sigo sintiendo, estás en el cuarto, estás dentro de mí.

Estoy oyendo la música que me trajiste, tomando del vaso en el que tomaste en la mañana, durmiendo en el cojín donde dormiste, viviendo contigo; pero estás allá. Estoy muy feliz porque me llenaste de tu amor, porque existes, porque existimos, y porque estamos juntos. Estoy feliz de saber que voy a compartir toda mi existencia contigo; pero triste porque cada vez que te vas, siento como si me arrancaran un pedazo de mí: como si me faltara una gran parte de mi vida. Lo único que me queda es cerrar los ojos, y ver tus ojos. Y así me puedo transportar a un oasis lleno de amor, ternura y de felicidad. Cierro los ojos y siento cómo me aprietas y cómo mi piel se integra a tu piel, siento tus labios y tus manos. Te amo, te amo más que a mí, más que a todo lo existente e inexistente. Disfruto cada segundo que estoy contigo porque el mundo tiene más color, más vida, más música, más vibra, más todo. Te quiero decir que el mejor Año Nuevo y la mejor Navidad que he pasado en mi vida fueron los que acabamos de pasar. Y eso fue gracias a ti. Sé que ya es la última vez que nos separamos; pero quiero que sepas que yo también le voy a echar muchas ganas a este período. Voy a estudiar, voy a aprender. Voy a cuidar mi cuerpo para estar muy guapa el día de nuestra boda. Voy a estar feliz porque existes y porque me amas de la misma manera que yo te amo. Te adoro y te amo siempre S***

En Jerusalén nieva una vez al año. Generalmente en febrero o marzo. Este año no fue la excepción. Comenzó a caer nieve el 1 de marzo a las 3:00 p.m. A las 3:03 p.m. el médico de guardia del hospital me dijo: "o te vas a tu casa en este instante, o te quedas a dormir aquí". Cojí mis cosas, compré unos bocadillos y me fui a encerrar a mi casa. El viernes cuando me desperté, vi por la ventana y no me quedó más que aceptar que mis vacaciones de verano se habían terminado: el nivel de la nieve era de un metro y seguía nevando. No había transporte público y las carreteras estaban obstruidas. En esas condiciones caminé diez kilómetros para llegar a la ciudad vieja. Pero antes me puse dos pares de calcetines gruesos con una bolsa de plástico entre los dos, dos ropas térmicas, dos suéteres, dos chamarras, bufanda, gorro, guantes, y me tome un café. Con tanta nieve era imposible reconocer los lugares que tantas veces había visto. La ciudad se había transformado. Las palmeras y el desierto estaban cubiertas de blanco. Ver la ciudad vieja cubierta de nieve fue algo sublime. El tiempo se había congelado, no había gente, no había ruido. Estaba descubriendo una ciudad totalmente ajena a mí. Empecé por la Torre de David, el punto donde mejor se ve la ciudad. Las esculturas de vidrio de Chihuly tomaron una nueva perspectiva. Jerusalén estaba en las nubes. Seguí caminando hacia el Muro de los Lamentos y a la mezquita. Me fui caminando lentamente para no resbalarme y para no pisar los charcos de agua; pero al llegar a la Vía Dolorosa sentí que una avalancha de nieve caía a unos milímetros de mí. En el techo vi a unos árabes que se dedicaban a echar bloques de nieve a los judíos que pasaban por ahí. Realmente era zona de guerra, pues un bloque de nieve de ese tamaño fácilmente podía desnucar a alguien. *Baru Hosheb* (bendito sea) que no me cayó encima más que la salpicada de los bloques caídos. Era una bomba tras otra. A la primera oportunidad me desvié y entré por un pasadizo casi secreto al Santo Sepulcro. Era la vigésima vez que entraba al lugar donde se encuentra la tumba de Jesús. Cada vez había sido una experiencia totalmente diferente. Todas las veces había visto, sentido y oído diferentes cosas; pero absolutamente todas las veces había sido una experiencia totalmente mística. Esta vez no había gente adentro. Sólo se olía el incienso y se sentía el calor de tanta gente que había entrado a través de los siglos. Me sentí totalmente aislada del mundo y del tiempo.

De regreso a mi casa fue fácil encontrar un taxi porque la nieve ya se estaba deshaciendo. Finalmente llegué a mi casa, muy cansada de tanto caminar. Después de todo, que bien que no nieva tan seguido en Jerusalén. Espero que la próxima vez que todo el pueblo se ponga a rezar para que caiga mucha agua, lo piensen dos veces.

En pascuas, el Papa vino a Tierra Santa. Un amigo consiguió boletos en primera fila para la misa que dio en Belén. Los boletos los recogimos en un monasterio en la ciudad vieja. El monasterio era un edificio muy antiguo y bonito. Nos recibieron dos padres españoles que nos regalaron vino de consagrar. En la iglesia había un órgano muy antiguo que me dejaron tocar. Tenía que pedalearle durísimo para que entrara aire. ¡Qué sonido más bello! Como era Viernes Santo nos invitaron a la procesión de las catorce estaciones del Vía Crucis.

Desde lo alto de la iglesia podíamos ver la primera estación, en la puerta de León. De ahí se lograba ver a miles de personas en todos los callejones. Empezamos la procesión a la entrada de la iglesia. No se podía ir ni para adelante ni para atrás, teníamos que seguir a la multitud que seguía los pasos que Jesús dio antes de que lo crucificaran. Muchos cargaban cruces de madera en la espalda, la mayoría rezaba y otros cuantos cantaban. En cada esquina había militares con uzis cuidando que no hubiera revueltas. Nos paramos en nueve estaciones a rezar, y caminamos hasta el Santo Sepulcro, dónde están las últimas cinco estaciones. En cada estación hay imágenes que recuerdan: cuando Jesús fue condenado a muerte, cuando lo subieron a la cruz, las tres veces que cayó, cuando encontró a su madre María, cuando Simón *el Cirineo* ayudó a Jesús a llevar la cruz, cuando Verónica limpió el rostro de Jesús, cuando Jesús consoló a las mujeres de Jerusalén, cuando le quitaron la ropa, cuando murió en la cruz, cuando lo bajaron de la cruz, y cuando lo sepultaron.

La misa que dijo el Papa en Belén comenzó a las 10:00 a.m.; pero desde las 7:00 a.m. ya teníamos que estar sentados en nuestros lugares. Me llevé mi bandera de México que mide más de dos metros, así que en menos de cinco minutos teníamos a toda la prensa mexicana alrededor de nosotros. Al principio Arafat dio un discurso. Sentí mucha emoción verlo, pues era a la persona que más temía al final de mi infancia. Ha sido la misa más emocionante y solemne que he asistido. Cantaron en árabe, latín, italiano e inglés. Yo ya había visto al Papa varias veces, pero era muy mágico verlo en Tierra Santa, en Belén, justo al inicio del año 2000.

La mayoría de mis amigos cristianos eran alemanes. Algunos me confesaron que sus abuelos habían sido nazis y que sus abuelas habían cocinado o bailado para los nazis. Mis amigos realmente sufrían porque cargaban toda la culpa y pecados de sus antepasados. En sus casas y en sus escuelas continuamente les recordaban lo que habían hecho. Sentían que una manera de reivindicarse era trabajando en un hospital salvando vidas de judíos.

F. EN EL HOSPITAL

Para mí, Israel es un país, pero el hospital en Jerusalén es un mundo. ¿Qué puedo decir del hospital que me ayudó a formarme como médico y como ser humano? ¿Qué puedo decir del lugar que me dio las herramientas necesarias para tomar las decisiones más importantes de mi vida? Le tengo amor, nostalgia y respeto a ese hospital.

Dicen que la primera impresión es la que más cuenta. Lo primero que vi el primer día que llegué al hospital fue su sinagoga. Doce vitrales con las tribus de Israel son las ventanas que juntan la energía del Sol con los colores de Chagall. Todo se ilumina y crea un lugar lleno de silencio, de luz, de paz, en un mundo dónde el tiempo no avanza. Desde ese primer momento, ese lugar se convirtió en mi templo y en mi casa. Ahí acudía yo cada vez que quería escribir, leer, meditar, pensar, digerir pensamientos o estar sola. Fui ahí miles de veces. A todas horas. Y en todos momentos. Ese lugar fue el último lugar que visité antes de regresar a México. Y es el lugar que más extraño de Israel.

En el hospital había humanismo, arte, cultura, sabiduría y ciencia. Los médicos estaban muy bien preparados y la enseñanza era de primera. Tenían los mejores aparatos y las mejores medicinas. Y, sobre todo, los pacientes y médicos en ese lugar se volvían humanos. Era un centro médico universitario enfocado en la investigación, en la enseñanza y en el humanismo. El *campus* tenía más de diez edificios con más de cien subespecialidades. Adentro del *campus* estaban las facultades de Medicina, de Enfermería, de Farmacología y de Odontología. El hospital central estaba conectado a la Escuela de Medicina, donde siempre iba a la biblioteca.

El hospital era toda una torre de Babel, pues había pacientes, doctores y estudiantes de todos los lugares del mundo. La mayoría hablaba inglés, pero no todos. Había muchos rusos que sólo sabían algunas palabras de hebreo. También llegaban muchos turistas que sólo hablaban su idioma, y a veces tardábamos varios días en conseguir traductor. Yo me comunicaba con palabras en hebreo, en inglés y en español; pero lo que más usaba eran señas y dibujos. Todos los judíos jóvenes hablaban inglés, y la mayoría de los viejos hablaban ladino (español antiguo). Muchas veces me sucedió que al preguntar: "¿*Do you speak English*?" Me respondían:"¿*yidish*?".

Todos los médicos vestíamos de una manera muy informal. Usábamos jeans, camisetas y huaraches. Como en todos lados del mundo, nos poníamos bata blanca médica arriba de la ropa y un estetoscopio en el cuello. El programa que llevé era igual al mexicano, pues así lo acordó mi universidad. Roté por cirugía, por pediatría, por medicina interna y por ginecología. El último mes me tocaba una rotación optativa, escogí psiquiatría.

Cirugía

El quirófano era igual a todos lo que había visto antes, pero las reglas para la vestimenta eran diferentes. No eran tan estrictas como en los hospitales en México. No era necesario entrar con botas al quirófano, pues decían que había la misma cantidad de bacterias con o sin el uso de botas. Tampoco era necesario quitarse el uniforme al salir del quirófano, uno podía ir en uniforme quirúrgico por todo el hospital, inclusive al restaurante.

Albrecht, *Shalom mijn schatje boutje. Mashlomej? Ani tov, v ani slaapjekopje.* (—hebreo y holándes— Hola mi tesoro, ¿como estás? Yo bien, pero tengo mucho sueño). Estuve todo el día en el *heder nituaj* (sala de operaciones). Primero vi cómo quitaban un quiste ovárico; también cómo le despegaban dos dedos a una niña, y luego vi cómo arreglaban la herida hecha por un navajazo en el plexo braquial a un paciente. Ahora estoy esperando a que lleguen veinte personas a traumatología, porque chocó un autobús en Jerusalén.

Le saqué sangre a todos los pacientes del piso; así que aprendí un enunciado nuevo en hebreo: *Ani rotza le cajat dam* (me gustaría sacarle un poco de sangre). ¿Sabes lo que me pasó hoy? Estaba metiendo la sangre a un tubito, pero el tubito tenía mucha presión negativa y explotó. Me llené toda la bata y las manos de sangre. Yo pensé que se había roto, pero sólo la tapa había saltado. Me di un buen susto. Lo bueno es que nadie se dio cuenta. Ayer entré a la cirugía de un señor que tenía un aneurisma en la aorta. Tuvieron que abrir la aorta, cortar un pedazo de ésta, y luego reemplazarlo con un tramo artificial hecho de dacrón. Esta operación es una maravilla, me enteré hoy que con una operación así, Einstein se podía haber salvado.

Disfrutaba inmensamente escuchar cómo la sinfonía del cuerpo seguía su curso en el momento en el que el cirujano acababa un procedimiento para restituir todo. No me quejé en absoluto de que durante varios días estuve parada quince horas seguidas viendo como ligaban vaso por vaso, y cortaban plano por plano. Sabía que iban a ser mis últimas clases de cirugía.

Medicina Interna

En medicina interna tenía el mismo horario todos los días. A las 7:00 a.m. les sacaba sangre a veinte pacientes. A las 8:30 a.m. tenía la mejor clase de medicina. Durante seis horas seguidas visitábamos a todos los pacientes. Un médico internista, tres residentes y tres médicos internos íbamos en ese recorrido. Visitábamos paciente por paciente. Con cada uno de ellos pasábamos veinte minutos. Primero, el residente leía en voz alta toda la historia del paciente. Luego rotábamos para hacer la exploración y el interrogatorio al paciente. El médico internista también hacía la exploración y decía en voz alta todas sus recomendaciones, y el porqué de ellas. Luego nosotros preguntábamos absolutamente todo lo que queríamos y después el paciente preguntaba todo lo que quería saber. El médico internista nos estimulaba a preguntar, a leer y a pensar; nos dejaba responsabilidades y nos daba muy buen trato. A mí me encantaba que el paciente estuviera perfectamente enterado de su situación, y que le resolvieran todas sus dudas de la manera más paciente y amable. Este sistema era nuevo para mí, pues en México, cuando hacíamos este tipo de visitas, el médico se dedicaba a hacernos preguntas y a regañarnos enfrente de todos. Aquí siempre éramos nosotros los que preguntábamos.

A las 2:00 p.m. íbamos generalmente a clase o a alguna conferencia. Después teníamos una hora para comer antes de regresar a sacar los resultados del laboratorio. Esto lo hacíamos a través de la computadora. Los imprimíamos, y los poníamos en el expediente. En México era característico que el médico que estaba haciendo su internado tenía que ir miles de veces al laboratorio a recoger los resultados y a transcribirlos a mano al expediente.

> Después de tantos rezos en el Kotel, Santo Sepulcro y Qubbat al-Sakhra por fin Dios quiso dar un poco de agua a la tierra prometida que se iba secando poco a poco en un desierto. Dios también dio con esa lluvia una sala de urgencias llena de accidentados que se resbalaron en la acera mojada, o en coches que se estrellaron por la cantidad de cáscaras de plátano en la ciudad.

Israel: único lugar en el que al revisar al paciente te das cuenta que estás pisando algo; ves hacia el suelo y estas pisando una UZI (ametralladora) del *hial* (soldado). Jerusalén: único lugar dónde no le puedes sacar sangre al paciente hasta que llegue su rabino a aconsejarle. Ése es Jerusalén. Así llega otro *Shabat*. Un *Shabat shalom* para todos, y un feliz Día de Gracias para el nuevo mundo. Me retiro del hospital a descansar. *Shabat shalom*.

Ginecología

La fertilización *in vitro* que aprendí era tan fácil como seguir una receta de cocina.

1. Usar el ultrasonido intravaginal para localizar el óvulo. 2. Aspirar aproximadamente seis óvulos con una jeringa grande. 3. Si el hombre tiene espermatozoides móviles, que los deposite en un frasco. Si los espermatozoides no son móviles, aspirarlos del testículo con ayuda de una jeringa. 4. Con ayuda del microscopio meter un espermatozoide en el citoplasma del óvulo con una jeringa. 5. Esperar que se fertilice. 6. Meter los óvulos fertilizados en el útero de la madre. 7. Rezar por 48 horas. Rotar ahí durante dos semanas. Después rotar por obstetricia.

En Israel la obstetricia era totalmente diferente a la que yo conocía. Las matronas atendían los partos y sólo llamaban al ginecólogo si era necesario. Había muy pocas complicaciones y muy pocas cesáreas. El éxito se debía a que educaban a las parejas, los preparaban intelectual, física y emocionalmente para el embarazo y para el parto. Los hacían tomar cursos, leer, preguntar, y les resolvían todas sus dudas. Le daban importancia a los meses antes del embarazo y a los meses después del embarazo. Durante el preembarazo, el posembarazo y el embarazo propiamente, se enfocaban en la salud física y mental, en la alimentación, en las vitaminas y en la musculatura pélvica y abdominal. Les enseñaban a las madres que todo lo que comían y sentían se lo pasaban directamente al bebé. No le daban importancia a cuántos kilos engordaban. Se enfocaban en enseñarles a comer sanamente, a que no se quedaran con hambre, y a comer lo que el cuerpo les pedía. También daban importancia a las emociones; porque en forma de proteínas le llegaban al bebé. Las futuras madres tomaban cursos de haptonomía en los cuales les enseñaban a comunicarse con el bebé *in-útero*. Esta comunicación se realiza a través del canto, la lectura, la música y el tacto. Es una maravilla que un bebé de siete meses *in-útero* siguiera la mano de uno a través del abdomen y que respondiera a los estímulos. También preparaban a las madres físicamente para el parto: les enseñaban a fortalecer los músculos del abdomen, del diafragma y de la vagina. A través de la respiración aprendían a relajarse y a usar el diafragma. Se les enseñaba que durante el parto podían usar el diafragma para aliviar el dolor y para ayudar a pujar, que al exhalar hacían que el diafragma ascendiera, y así dejaban más espacio en el abdomen y había menos dolor. Aprendían a utilizar la inspiración para que el diafragma descendiese y empujara al bebé. Unas semanas antes del parto, le enseñaban al esposo a estirar la piel y los músculos de la vagina de su mujer para que no fuera necesario hacer la episiotomía.

En el servicio de ginecología mi manera de ver el dolor del parto cambió drásticamente. Yo pensaba que la anestesia epidural era uno de los mejores inventos de la humanidad, y que era una bendición no tener que sentir dolor cuando naciera el bebé. Aprendí entonces que el dolor tenía una función. Mucho del dolor que se siente durante el parto proviene de otros órganos cercanos al útero, y sentimos dolor porque se están comprimiendo. Si le hacemos caso a nuestro cuerpo y adoptamos una posición más confortable, podemos lograr que haya menos dolor y podemos ayudar al bebé a descender. También entendí que el dolor provocaba la producción de neurotransmisores que ayudaban al bebé a prepararse para nacer. Por último, entendí que durante el parto es el momento más cercano a nuestra esencia; donde logramos conocernos mejor a nosotras mismas y a nuestra pareja. En ese momento conocemos nuestros miedos y virtudes, nuestros mecanismos, y es donde nos hacemos fuertes. Aprendí la importancia de estar totalmente despierta en el momento más intenso de la vida. Más unión, pasión, gratificación, intimidad, amor y vida, no puede haber.

Urgencias

Para mí la sala de urgencias en el hospital de Jerusalén es el centro del mundo. En ese lugar uno realmente se da cuenta lo que es Israel. Ahí, uno realmente se da cuenta lo que es el mundo. En la sala de espera de este servicio están representadas todas las razas humanas. Hay soldados vestidos de verde con su boina en el hombro derecho y con una ametralladora en la mano. Algunos están heridos, otros están enfermos de CHRON. Hay palestinos, judíos, *ole hadash* (nuevos inmigrantes), negros, blancos, gente que estuvo en campos de concentración, judíos muy religiosos, judíos reformistas, católicos, armenios, rusos y turistas. Hay señoras musulmanas que traen la cabeza cubierta con una mascada blanca y visten con faldas largas. Hay mujeres judías con sombreros o pelucas que también visten con faldas largas. También hay hombres religiosos que están vestidos de negro y usan *kipas* negras y barba. Unos hablan inglés, otros hebreo, árabe, español, o ruso.

Me encantaba sentarme en esa sala a ver a la gente pasar. Veía diferentes caras y diferentes atuendos. A unos les brotaba sangre, a otros les brotaba sudor. Señoras gritaban, paramédicos corrían. Unos entraban en camillas de madera, otros entraban en sillas de ruedas, y otros caminando.

Ahí, el tiempo pasa acelerado, pero ahora en la distancia lo veo pasar despacio. Cada persona es un mundo diferente. Es curioso cómo la gente cuando está en la calle se pone una mascara y no permite que uno se acerque. Es curioso cómo toda esta gente se refugia junto con la gente que se viste con el mismo atuendo. Odian a los demás sólo por ser de otra religión, otra raza u otro color. Cada grupo se siente superior porque creen que contemplan lo verdadero.

Afuera de esa sala nadie se atrevería a hablar sinceramente conmigo; pero ahí yo tenía la fortuna de estar con bata blanca. Así me acercaba al corazón de todos aquellos pacientes, los habitantes de Jerusalén. Yo siempre vi a cada uno como ser humano. A mí no me importaban sus diferencias, pues todos eran iguales. Estaban tan asustados y tan cerca del dolor y de la muerte, que se les caía la mascara y se mostraban.

En este mundo todos tenemos la misma sangre, el mismo dolor, la misma necesidad. Todos somos humanos en este mundo errante. Estamos vestidos diferente, tenemos caras diferentes; pero todos tenemos sangre roja, sentimos dolor y tenemos miedo a las mismas cosas. Todos nacemos y morimos de la misma manera.

G. RAZONES

¿Por qué fui a Israel? En esa época no tenía ninguna razón en concreto. Cuando me preguntaban, no sabía ni qué contestar. Ahora sé que fui a Israel a recoger polvo de estrellas, a encontrar mi espiritualidad, y a decidir cuál especialidad médica estudiar.

Polvo de Estrellas

La cita era a media noche en el Instituto Bloomingfield. Todos estábamos acostados en el piso mirando el cielo. El cielo estaba cubierto de estrellas y no había ni una sola nube. Las estrellas brillaban más que cualquier otro día. Perros aullaban y gallos cantaban a la mitad de la noche. Al principio veíamos un meteoro cada cinco minutos. Luego empezaron a verse más seguido, incluso se podían ver varios al mismo tiempo. De un momento a otro empezamos a ver una tormenta de meteoros. Caían cientos a la vez. Absorbí polvo de más de un millón de estrellas. Al principio era un deseo por cada estrella, después era un pensamiento. Acabe incorporándome al universo. Comprendí que hay que vernos a nosotros como parte de un todo. Sin separación. Sin límites. Sin fronteras. En ese instante mi alma se liberó. Me conecté al mundo, y logré ver todo con claridad. "Albrecht, te entrego mi alma; porque es nuestra. Ahora la he cargado de energía de estrellas. Gracias por permitirme volar a la misma velocidad que todas estas estrellas. Gracias por volar conmigo. Te amo."

Religión

Llegué a Jerusalén con la idea de poder entender la religión y entender por qué había tantas diferentes religiones. Para mi sorpresa fui más allá de eso y logre entender la esencia del fanatismo, de la religiosidad, del misticismo y de la espiritualidad. En ningún lugar se puede sentir más espiritualidad, misticismo y magia que en Jerusalén. Ahí, la religión está presente en todos lados, pues la vida cotidiana gira alrededor de ella. Está presente en los días de la semana, en todas las costumbres, en la manera de pensar, en la comida, en el idioma, y constantemente en la guerra. Aunque uno no sea religioso, tiene que seguir estas costumbres para poder pertenecer a la sociedad.

Cualquier religión nos puede guiar a través de la vida, nos puede enseñar, nos puede dar fe y esperanza, y nos puede dar identidad. Entiendo que hay personas que necesitan más religiosidad que otras, e inclusive uno necesita diferentes grados de religiosidad a través de la vida. Es triste ver que hay tanto odio entre las diferentes religiones e inclusive tanto odio dentro de las mismas religiones por ser más o menos religiosos. Para mí, lo más importante que nos da la religión son los valores básicos. Estos principios son iguales en todas las religiones. A través de la historia de la humanidad aparecieron diferentes profetas porque la gente necesitaba recordar y oír estos principios con otras palabras y en diferentes idiomas. La tragedia de la humanidad es que se acuerdan solamente del mensajero y no del mensaje, después de todo el mensaje es el mismo.

Con respecto a la espiritualidad, para mí fue un gran descubrimiento entender que la espiritualidad no se intelectualiza, se siente, se vive. También fue un gran sorpresa darme cuenta que yo era una persona muy espiritual. La espiritualidad que yo conocía la había logrado sentir oyendo música, viendo la naturaleza o meditando. En la mágica ciudad de Jerusalén fue la primera vez que pude sentir espiritualidad y misticismo derivado de la religión. Me da gusto poder decir que fui a Israel a hacerme un poco más humana.

Psiquiatría-Genética

Yo podía escoger por cuáles servicios rotar durante el último mes en el hospital. Obviamente les dije que quería rotar por psiquiatría, porque siempre me había apasionado entender la mente y las emociones. Como ningún extranjero rotaba por ahí, todas las reuniones y los expedientes estaban en hebreo. No aguanté más que dos días en el servicio de psiquiatría. De 8:00 a.m. a 11:00 p.m. estuve oyendo puro hebreo. Fui con el jefe de Psiquiatría a decirle que no podía seguir rotando ahí porque lo único que había aprendido era un poco más de hebreo, pero que no podía leer los expedientes ni hablar con los pacientes. El jefe me preguntó que cuál era mi segunda especialidad favorita.

Le dije que genética. Sonrió y me llevó al departamento donde estaban haciendo una investigación en psiquiatría-genética. Mi vida había cambiado.

Desde el primer momento que me hablaron sobre el DNA, quedé fascinada por él. Me apasionó el concepto, su figura, su fuerza. Regula absolutamente todo de lo que somos. Nos hace sentir, ser, vivir y existir. Es la llave que une a todos los seres vivientes. Es nuestro pasado, nuestro presente y nuestro futuro. Es lo más esencial de nuestra naturaleza. Es la razón de nuestra existencia y la razón de nuestra capacidad de procrear. Es el árbol de la sabiduría y la fuente de la vida.

Mi primer contacto con DNA real fue en primero de medicina. Cogí ese frasco de vidrio en mis manos. Subí el frasco a la altura de mis ojos. El frasco estaba lleno de un líquido de laboratorio, pero gracias a su espesor, esas dos cadenas transparentes pegadas estaban flotando. Ese segundo ha sido uno de los momentos más sublimes que he tenido. Del frasco salía energía, potencia, vida. Tenía en mis manos *el libro de la vida.*

Los modelos de DNA también me llamaban mucho la atención. Siempre tan llenos de color, de movimiento, de forma. Yo pensaba que los modelos de DNA estaban lejos de la realidad, pero me sorprendió mucho ver en Israel una maquina traductora. Metíamos el DNA a una máquina y en la computadora las traducía automáticamente. En la computadora podíamos ver la secuencia de nucleótidos.

Aunque me apasionaba el DNA, nunca había considerado la especialización porque no tenía ganas de ver todo el día síndromes raros y tratar síntomas de estos síndromes. Pero durante mi internado se publicó el primer borrador del mapa del genoma humano, y las posibilidades se volvieron infinitas. El entusiasmo de los que estaban alrededor se impregno en mí. El amor a la ciencia me fue contagiado. Además, toda esa gente me transmitió que había dos cosas que podían ayudar a la humanidad a progresar: la investigación y la educación.

Fui a Israel a fusionar mis dos pasiones intelectuales más grandes: la mente y el DNA. Desde ese momento podía hacer tangible lo más profundo de nuestra mente y nuestras emociones.

14

Parecía que llevaba horas viajando y días andando para llegar a ese pueblo debajo del cerro. El río convertía las calles sin asfaltar en un mar de lodo, y los animales no permitían al coche pasar. El centro de salud estaba junto a la iglesia del pueblo. En este centro de salud había un centro social para la tercera edad y una guardería para niños de cero a cinco años. Cuando yo llegué sólo tenían una enfermera que llevaba dos años esperando que llegara algún médico. Me bajé del coche. Ya tenía la bata blanca puesta y el estetoscopio en el cuello. Toda la gente alrededor me miraba y me observaba. Yo sonreí y empecé a caminar. El silencio se rompió cuando empecé a decir "buenos días" a todo aquel que cruzaba la mirada conmigo. En el centro de salud ya me estaba esperando mi enfermera. "Bienvenida. Pensábamos que sólo era rumor que el pueblo iba a tener doctor." El único consejo que me dio fue: "No le diga a nadie que sólo viene a hacer su año de servicio social, pues todos dan por hecho que viene a quedarse para siempre". Abrí la puerta y me encontré con una sala de espera. La segunda puerta comunicaba con mi consultorio. Un escritorio, una repisa llena de medicamentos vencidos, una cama de exploración, un lavabo y un clóset lleno de instrumental médico. Por unos segundos no escuché nada. Respiré hondo y sonreí. Era mi primer consultorio. No había empezado ni a escribir la lista de todo lo que tenía que hacer, cuando la enfermera me avisó que la sala de espera estaba llena. La ilusión se convirtió en adrenalina. Mi cabeza estaba llena de preguntas: ¿Qué voy a hacer si no sé lo que tiene el paciente?,

¿Qué voy a hacer si por mi culpa se muere alguien? Miedo, angustia, ansiedad, duda… "Que pase el primer paciente".

Ese primer día, al igual que los siguientes días, llegaron más de cuarenta personas diariamente a hacerme preguntas de todo tipo. La primera paciente me pidió que le recomendara un medicamento para matar hormigas. La segunda paciente estaba muy preocupada porque estaba soñando mucho. Generalmente eran preguntas sobre medicamentos, enfermedades; sobre cultura general, sobre cocina, me pedían consejos de todo tipo. Todos se abrían totalmente conmigo y me enseñaban su alma. Daban por hecho que yo sabía absolutamente todo. Conforme pasaban los días, el consultorio era cada vez más parte de mí. Lo organicé, lo limpié, lo llené de medicamentos nuevos, de pinturas con vida y de relojes que marcaban todo menos el tiempo. Puse un refrigerador, una cafetera y un calentador. Mi seguridad y mi sabiduría crecían día con día.

La consulta

A las 8:30 a.m. les daba consulta a los niños de la guardería que estaban enfermos. La mayoría de los niños enfermos tenían gripe o gastroenteritis. Yo tenía que decidir si se podían quedar en la guardería. Las mamás me suplicaban que los dejara quedarse en la guardería, pues si no ellas no podían trabajar y podían perder el trabajo. La mayoría de las mamás eran madres solteras y tenían que trabajar para mantener a sus muchos hijos.

A las 9:00 a.m. me tocaba revisar a cinco niños de la guardería. Tenía la responsabilidad de medir, pesar y revisar mensualmente a los cien niños de la guardería. Los niños casi no se bañaban, no les cortaban el pelo, y traían las uñas muy largas. Les tuve que enseñar que aunque se bañaran con jícaras, tenían que quitarse el tapón de lodo que tenían en el ombligo. A los niños les encantaba que les contara historias de cómo se veían los aviones por dentro, de cómo era el mar, y de qué se sentía al nadar. El mundo que ellos conocían era a través de la televisión.

A las 10:00 a.m. llegaba la gente del pueblo. Generalmente eran mujeres que querían compartir sus problemas. Muchas de ellas me traían regalos.

Eran regalos sencillos como mi atole del desayuno, cosas bordadas, flores, conchas, o tacos sudados. Un día hasta me regalaron una gallina.

A las 12:00 a.m. llegaban las mujeres de la tercera edad. Generalmente les medía el nivel de glucosa, les tomaba la presión y hablaba con ellas. Dos veces a la semana las juntaba para darles clase. Ellas podían escoger el tema. Les hablé de prevención de enfermedades, alimentación, higiene, deporte, de genes, internet, geografía y hasta de psicoanálisis. Me preguntaban de todo: sobre métodos anticonceptivos, sobre el embarazo, sobre la próstata, sobre la muerte y la vida. No sabían que ellas me enseñaban más a mí que yo a ellas.

A las 4:00 p.m. les decía a los pacientes de la sala de espera: Voy a dar consulta hasta que lleguen por mí. Si no les decía esto podía estar toda la noche atendiendo a gente. Empecé a notar que Albrecht llegaba cada día más tarde por mí. Las pacientes mandaban a sus parientes a esperarlo, y lo distraían con cualquier cosa. Luego se empezó a rumorar que mi esposo era médico, así que del trayecto del coche a mi consultorio, varias personas aprovechaban la oportunidad de una consulta de pasillo con Albrecht.

Albrecht y yo ya aprendimos que saliendo del consultorio no le podíamos preguntar a nadie: ¿Cómo está? Esa pregunta equivalía a ¿Quiere una consulta gratis, rápida, de pasillo? Todos querían consulta: los policías, los vendedores de dulces, las que hacían la limpieza, las profesoras y hasta los chamanes. Si no tenían nada, me decían: "Yo estoy bien, pero fíjese que mi vecina tiene…" Mejor empecé a hablar del tiempo. Si me preguntaban como estaba yo, yo contestaba: "Bien, gracias a Dios. Qué bueno que el tiempo ya se arregló, ¿no?".

Tratamiento

Cuando llegué a mi consultorio tenía una lista en mi cajón que se veía así:

Infección urinaria: sulfametoxasol con trimetoprim
Infección gástrica: sufametoxasol con trimetroprim
Infección de ojo: garamicina

Infección de vías respiratorias: amoxicilina, penicilina,
penicilina benzatinica 1.2 millones de unid
Pen ViK 500, 4 veces al día
En alérgicos a penicilina: eritromicina
Alergias: loratidina

Después de unos meses la lista se veía así:
Expectorante: ambroxol
Dolor articulaciones: clorhidrato de bencidamina
Quemaduras: acido acexámico
Vomito: meclizina/piridoxina
Dolor estomago: butilhioscina
Dolores muy fuertes: diclofenaco sódico
Irritación de ojos: nafazolina
Dolor de garganta: naproxeno
Infección con dermatitis: clioquinol, hidrocortisona
Giardiasis: tinidazol

Conforme fui conociendo a las señoras de la tercera edad y me fui dando
cuenta que los pacientes sabían más que yo, la lista cambió. La farmacología que había aprendido en la carrera de medicina estaba siendo substitui-
da por la que aprendía en el consultorio:

Calambres: agua quina, plátano
"Jiotes": esencia de bergamota, aceite de oliva
Aftas: mastuerzo
Picaduras de insectos: ajo
Dolor de estómago: pan quemado y te negro
Diarrea: plátanos con coca cola
Infecciones vaginales: 2 cucharadas de vinagre en un litro de agua
Comezón en ronchas: harina de arroz o de garbanzo. Maicena con agua
Dolor de hueso: tortilla
Infección en piel: nixtamal en agua caliente
Quemaduras: picrato
Dolor de garganta: miel con cebolla, gárgaras con enjuague bucal

Dolores menstruales: tofu
Gastritis: lactobacilos
Nariz tapada: té de manzanilla
Irritación de ojos: lavar los párpados con *shampoo no más lágrimas*.
Dolor de muelas: clavo
Embarazadas con retención de agua: apio

Las costumbres

La enfermera vivía en un plano medio entre yo y el pueblo. Así que ella me explicaba todo y no se le hacía extraño que yo no supiera todas las costumbres. Los del pueblo daban por hecho que en todos lados las cosas se hacían igual. Creían en la magia, en las limpias, en los espíritus y en el mal de ojo. Yo tenía muy claro que tenía que respetar todas sus creencias, así que sólo los escuchaba sin opinar. Sabía que mi papel era educar, enseñar medicina preventiva y curar a los enfermos. Pero aprendí que esta gente tenía sus creencias y que había cosas que nunca iban a aceptar o dejar de creer. Mientras no les hiciera daño, yo respetaba que siguieran sus costumbres.

Después del parto, las mujeres se quedaban en cuarentena y permanecían acostadas en su cama. Durante esos cuarenta días se tapaban la cabeza para que no les diera cefalea, se tapaban la espalda para no quedarse sin leche, y no comían ni sandía ni nopales. El primer año, los bebés usaban una pulsera roja con un ojito de madera para que no les hicieran el mal de ojo. Y de vez en cuando venían a preguntarme si yo les podía hacer la limpia con el huevo. Como mi enfermera era experta en hacer limpias, la dejaba a ella hacerlas. Les pasaba un huevo entero de gallina por todo el cuerpo para que se absorbiera la maldad. Luego partía el huevo en un vaso de agua y lo tiraba por una coladera.

Fui a un par de entierros, y vi que ponían un plato con vinagre y cebolla junto al muerto. El vinagre ayudaba a que se absorbieran los males del muerto y se purificara su alma. Uno no se podía acercar al muerto si tenía alguna cortada o si estaba menstruando, pues decían que por la sangre podía entrar la enfermedad. Era importante enterrar al muerto boca arriba, para que pudiera guiarse en el otro mundo. También era necesario que al muerto lo enterraran con zapatos, para que pudiera caminar en el otro mundo.

Después de enterrar al muerto se hacía una comida donde todo el pueblo acompañaba a la familia. Esa comida siempre era de muy mal sabor. Durante nueve días todos se juntaban a rezar el rosario. El primer día tomaban café, el segundo día café con leche, el tercer día le aumentaban azúcar, y el cuarto día le aumentaban chocolate. El último día hacían una fiesta muy grande con una gran comida.

Este libro

Otra de las cosas que hice durante mi servicio social fue escribir este libro:

> Me asombra cómo un párrafo es totalmente diferente si lo empiezo a escribir una hora antes o una hora después. Quizá ni existiría este enunciado si decidiera escribirlo mañana. Escribir este libro es volver a vivir el momento, revivir el sentimiento, jugar con el tiempo y volver a digerir. En este momento este libro es parte de mí, soy yo. Las memorias vienen y van, y se intercalan en otras, unas se olvidan y otras se reviven. Unas se transmiten y otras se combinan. Puedo borrar o crear todas las palabras que yo quiera. En el momento que yo escriba la última palabra, este libro tendrá su propia existencia y será ajeno a mí. En el momento que tus ojos se crucen con el espíritu de este libro, esto será parte de ti.
>
> Este segundo es magia, es sublime. Esto es parte de lo que yo llamo espiritualidad. En este segundo estás comulgando con un tiempo inexistente, con una alma que es parte de varios entes. Es en este momento donde miles de personas se cruzaron y se cruzarán. Los espacios que hay entre cada palabra son los mismos no importando el tiempo, y no es ni siquiera que sea la misma tinta, ni el mismo papel. Espero que puedas entender lo sublime que es para mí. Este momento es la más grande unión que yo puedo tener con el tiempo, con el espacio, con la humanidad, con nuestra existencia. Para mí, es el porqué de escribir. Cierra los ojos, respira, siéntelo y disfruta, que no lo vuelvo a repetir.

El servicio social es un año donde se revive y se pone en práctica toda la carrera. Un año de meditación y contemplación. Un año donde uno está sólo con sus memorias y aprendizajes. Donde pacientes vienen y van. Llegan satisfacciones y frustraciones. Es el final del principio. Cuando empecé a escribir este libro; más bien, cuando empecé la carrera de medicina, yo pensé que este capítulo iba a ser el más interesante. Yo daba por hecho que me iban a llegar casos clínicos como los de Oliver Sacks, y que iba a tener material para aventar. Pero la mayoría de mis pacientes sólo tenían gripes y diarreas. En todo el año los casos más impresionantes que vi fueron dos atropellados que acabé mandando a cirugía a un hospital, y como a cinco señoras golpeadas por sus esposos. El caso más triste que vi fue el de una niña de diez años que la violaban sus tíos y hermanos.

Hoy nuevamente ha terminado una etapa. Y como debe de ser, resurgen finales de etapas anteriores. Es emocionante cerrar un capítulo y abrir uno completamente nuevo. Pero también es difícil cambiar la hoja y saber que ya nunca más podrá ser cambiada, más que en un libro. Hoy le decimos adiós a México y nos subimos a un avión destino a Holanda. Vamos juntos a buscar nuestra casa, nuestros hijos y nuestro futuro.

Matrimonio

Albrecht, siempre anhelé este momento: una última carta en este recorrido largo. Hemos superado una etapa más, y esto me comprueba que tenemos la fuerza y el amor para superar cualquier obstáculo que se atraviese en nuestro camino. Me encanta que nuestro valor principal sea estar juntos. Me encanta que a diario luchamos para llenarnos mutuamente de amor y de felicidad. Me encanta la vida contigo.

No hay cosa más maravillosa que compartir el resto de mi vida contigo que eres mi mejor amigo, mi amante, mi novio, y mi esposo. Un sólo camino contigo. Mi deseo es ser viejos juntos, llenos de hijos y nietos. Qué maravilla tenerte todos los días de mi vida para amarte. Quiero compartir contigo todos los placeres y tristezas de la vida. Me encanta ir a museos, conciertos, cines, teatros y demás contigo. Me encanta volar, respirar, viajar, conocer, comer, cantar, reír, bailar, jugar, sentir, compartir, vivir... (en fin, todos los verbos) contigo. Contigo siempre hay planes, siempre hay grandes charlas, siempre hay risas, y siempre hay amor.

A tus brazos pertenezco, ahí es dónde me siento completamente feliz, completamente llena, y completamente segura. Cuando me abrazas haces al tiempo y al espacio desaparecer. Me fascinas tú, y me encanta la persona que yo soy cuando estoy contigo. Te amo con toda mi sangre y con toda mi alma. Eres mi pulso, mi inspiración, mi vida, mi existencia. Te amo, amor, y cada segundo más y más. Eres todo y más.

¿Qué es el matrimonio? Compromiso, unión de mente y corazón, conocimiento profundo del carácter, lazo eterno, compañeros en tiempo, espacio, vida y eternidad, camaradas y amantes que recorren el tiempo. Unión de cuerpos y espíritus, una conexión espiritual, lo más valioso. Sí, acepto. Amen.

El día de la boda Albrecht dio un discurso, y me dijo lo siguiente: "Sandra, no podría decirte en este discurso lo mucho que te amo y todo lo que pienso de ti, pues las palabras no alcanzarían, pero tengo toda la vida para decírtelo y demostrártelo, día con día. Lo que sí te puedo decir es que gracias a ti encontré la razón de mi existencia".

Algunos invitados me dijeron que tenían curiosidad por cuanto tiempo Albrecht iba a cumplir lo que dijo. Les puedo decir que Albrecht cumplió lo que dijo, todos los días de nuestra vida.

Vuelo profuso, incansable que llega a un fin. El presente castillo de mi nostalgia ha llegado a una profunda estabilidad. Las palabras se encuadran, y se escribe un final.

15

La vida no es fácil.

No tenemos la opción de sufrir, mas sí la de amar.

No tenemos la opción de ver morir, mas sí la de vivir.

Cuando acaba todo, lo único que queda en el alma es lo amado y lo vivido.

La vida es un instante atrapada en el tiempo y la muerte, la realidad.

Las peleas son sin sentido; los problemas transitorios y la enfermedad, la reflexión.

El presente es una vida, así que dejen atrás los formalismos y las palabras difíciles. Dejen atrás a los muertos y a los fanatismos.

Lo único que importa es lo vivido y lo que dejamos de sabiduría. No se queden una vida lamentándose en una luna amarga, no se aflijan con la espada. Hay mucho amor a su alcance, y hay mucha paz.

Recuerden: las tumbas son igual de reales que nosotros, ya que la sangre coagula al tiempo y todo llega a un final.

Este libro acaba el día que concluí la carrera de medicina. Pero realmente no fue el final, sólo finalizó un capítulo de mi vida. ¿A dónde acaba todo? ¿En la muerte?

Al contemplar las estrellas me encuentro con el cosmos. Después de vivir tantos años me sigo preguntando por la existencia de uno. Magia nos hace llegar a este mundo contemplativo. Volamos por el mundo y por magia nos vamos. Tantas guerras, tantas muertes, tantas cosas que sufrimos a través de este viaje, nos hacen fuertes para poder permitir nuestra propia extinción. Nuestra despedida será con nosotros mismos para poder cerrar nuestros ojos por última vez. Cerrar estos ojos para nunca más abrirlos; Llegaremos... No sabemos a dónde llegaremos. Alguna vez llegamos, y ahora, como todo mortal, nos fugamos, nos vamos. Y en unos segundos más podré saber lo que hay detrás de todas esas puertas. Después de tantas décadas de vivir en este mundo, en unos segundos más podré saber lo que tanto me he preguntado. ¿Para qué esperarlo, si de todas maneras llega? Alguna vez le temí, alguna vez lo esperé, alguna tuve que correr para no permitir su llegada. Y más de miles de veces lo negué. Y ahora me arrastra, me lleva y yo me voy. Despedidas he tenido una y otra, pero nunca he vivido una despedida tan intensa. Es una despedida mía. Por más que me cuesta cerrar estos ojos, los cerraré por última vez. Y por más que me cuesta tener que dejar de sentir este mundo, lo dejaré. Dejar de existir para convertirme en polvo de estrella. Ya no sé si tengo curiosidad. Sólo me voy, sólo me despido con un canto a esta maravillosa tierra. Esta tierra que no sé ni dónde está ni por qué está. Pierdo contacto con todo ser humano.

Doy la vuelta y me doy cuenta que el reloj se ha detenido. Se ha detenido una vez más. La fecha y la hora corresponden al día en que terminé de escribir este libro. Es la misma hora en la que tú dejaste de leer estas palabras. He logrado desafiar al tiempo, desafiar a la muerte. Yo vivo, yo existo. Y la prueba está en mis hijos y en estas líneas.

CUANDO ME MUERA

Cuando me muera, quiero que me entierren con sabiduría:
el entendimiento de la vida.
Cuando me muera, quiero que me entierren con melodía:
los colores de la vida.
Quiero combinar los sentidos: poder volar;
poder decir que mi religión, la vida, soñó y despertó:
llegó al punto infinito.
Cuando me muera –quiero que sepan–,
será el segundo día más feliz de mi vida.
Cuando el agua de la lluvia corra en mis venas,
y desemboque con la sangre mojada hasta amanecer.
Vida, llora.
Vida, siente.
Vida, vive hasta vivir.
Muerte, ríe
Muerte, duerme.
Muerte, muere hasta vivir.

FIN

www.ingramcontent.com/pod-product-compliance
Lightning Source LLC
Chambersburg PA
CBHW032018170526
45157CB00002B/746